# 生活の統計学

大澤清二　著

建帛社
KENPAKUSHA

# はしがき

本書の前身は『生活統計の基礎知識』『楽しく学ぶ統計学』（いずれも家政教育社刊）です。この本は長い間多くの読者に利用され，たくさんの感想をいただきました。しかしやむなく絶版となるのを家政教育社のご好意で，この機会に建帛社から新たに『生活の統計学』として出版されることになりました。

出版にあたりましては，旧版を大幅に修正，改訂いたしました。さらに読みやすく，利用しやすくなったと思います。

最近ではますますコンピュータの性能が向上して，手軽に計算できるようになったため，学生諸君の中には基礎的な学習を飛ばして，見た目の計算結果を手早く得ようとする傾向が非常に強くなっています。既に出版されている統計学の本にも，そうした一般の風潮に合わせて計算を自分では行わないことを前提にした書き方をしたものが目立ちます。しかし，著者は30年間の統計教育の経験から，せめて基本となる知識だけは実際に手を動かして身につけるべきとの考えを持っています。統計学の実力をつける上では，自分で計算できることが，理解を助けるために不可欠なのです。学習とは積み上げるものですから，早急に結論だけを求めるような統計解析法の利用は決して実力とはなりません。高度な統計解析になればなるほど，基礎知識がないと，パソコンから出力された計算結果さえ何のことかさっぱり分からない，ということになります。

本書はそうした立場から，基本的な計算ができ，統計の理論が分かるようになることを目的にして書かれています。その上で，パソコンなどによる情報処理を行うという順序で統計学をじっくりと基礎から学んでほしいと思います。

統計の基礎知識・技術は現代社会を生き抜くためにきっと役に立ちます。皆さんが，楽しく，きちんと統計学を学べるよう，出来るだけ分かりやすく具体的に解説しました。

本書によって皆さんがデータの扱い方の達人になってほしいと思います。

2011年　2月

大澤　清二

# 目　　次

## 第3章　度数分布（ヒストグラム）



## 第4章　分布の位置―モード，メディアン，平均―



## 第5章　名義尺度と順序尺度のデータのチラバリ



## 第6章　間隔尺度と比率尺度のデータのチラバリ



## 第7章　正規分布と偏差値

## 第8章　関係の強さ



## 第9章　予測の方法—回帰分析—



## 第10章　時間とともに変わるデータの分析



## 第11章　統計調査の方法・標本抽出

## 第12章　標本分布の基本



## 第13章　仮説を検定する方法



## 第14章　平均の検定と推定

## 第15章　比率の推定と検定



## 第16章　実験計画法と分散分析



## 第17章　複雑な現象を解析する多変量解析入門



## 付　表

# 第1章　統計グラフ

まずはじめに，統計表とグラフの基本について説明します。自分で関心を持つ統計を使ってグラフを描いてみましょう。毎年統計グラフ全国コンクールが開催されていますので，これに応募してみるのもよいでしょう。

## 1 統計表とグラフ

統計表は，統計データをまとめ，それを他者に伝えるために不可欠です。

統計表の形式には，その内容により様々なものがあります。例外もありますが一般的には，表１－１のような構成になっています。

表１－１　統計表の構造

表側頭　表　年齢別　身長の平均値 ←表題　表頭

（cm）

| 区　分 | | 男子 平成21年度 A | 男子 平成20年度 | 男子 昭和54年度 B（親の世代） | 男子 差 A－B | 女子 平成21年度 A | 女子 平成20年度 | 女子 昭和54年度 B（親の世代） | 女子 差 A－B |
|---|---|---|---|---|---|---|---|---|---|
| 幼稚園 | 5歳 | 110.7 | 110.8 | 110.0 | 0.7 | 109.9 | 109.8 | 109.2 | 0.7 |
| 小学校 | 6歳 | 116.7 | 116.7 | 115.5 | 1.2 | 115.8 | 115.8 | 114.7 | 1.1 |
| | 7 | 122.6 | 122.5 | 121.2 | 1.4 | 121.7 | 121.7 | 120.4 | 1.3 |
| | 8 | 128.3 | 128.2 | 126.6 | 1.7 | 127.5 | 127.5 | 126.0 | 1.5 |
| | 9 | 133.6 | 133.7 | 131.8 | 1.8 | 133.5 | 133.6 | 131.7 | 1.8 |
| | 10 | 138.9 | 138.9 | 137.0 | 1.9 | 140.3 | 140.3 | 138.1 | 2.2 |
| | 11 | 145.1 | 145.3 | 142.7 | 2.4 | 146.9 | 146.8 | 145.0 | 1.9 |
| 中学校 | 12歳 | 152.5 | 152.6 | 148.9 | 3.6 | 151.9 | 152.1 | 150.2 | 1.7 |
| | 13 | 159.7 | 159.8 | 157.2 | 2.5 | 154.9 | 155.1 | 154.0 | 0.9 |
| | 14 | 165.2 | 165.4 | 163.0 | 2.2 | 156.7 | 156.6 | 155.6 | 1.1 |
| 高等学校 | 15歳 | 168.5 | 168.3 | 166.7 | 1.8 | 157.3 | 157.3 | 156.2 | 1.1 |
| | 16 | 169.9 | 170.0 | 168.6 | 1.3 | 157.7 | 157.7 | 156.6 | 1.1 |
| | 17 | 170.8 | 170.7 | 169.4 | 1.4 | 157.9 | 158.0 | 156.7 | 1.2 |

表側→　表体　こま（セル）

脚注→　（注）　１．年齢は，各年４月１日現在の満年齢である。以下の各表において同じ。
資料出所→資料　文部科学省，平成21年度学校保健統計調査より作製。

統計表のタイプを表１－２のように分類することができます。

これらの統計表は目的によって使い分けられます。また，統計表には独特のシンボル（章末の表１－８）が見られます。

**表１－２**　いろいろな統計表のタイプ

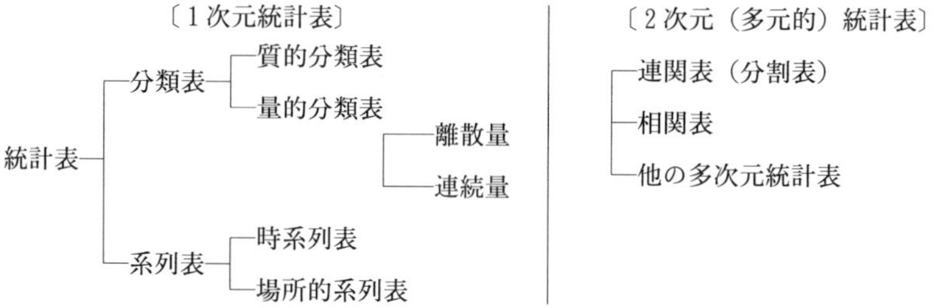
〔１次元統計表〕
統計表
分類表
質的分類表
量的分類表
離散量
連続量
系列表
時系列表
場所的系列表
〔２次元（多元的）統計表〕
連関表（分割表）
相関表
他の多次元統計表

## 2 質的分類表と棒グラフ

男女別，所属クラブ別，病名別，国別などのように質的な情報で分類された統計数をグラフ化する場合には，棒グラフで表すことが一般的です。

棒グラフは，数値の大きさを棒の長さで表現して対比するもので，数値の大きさや差を視覚的に把握しやすいグラフです。棒グラフはほとんどの統計表に適用可能です（表１－３，図１－１）。

**表１－３**　質的分類表の例

指定都市のホテル数

| | 施設数 | 客室数 |
|---|---|---|
| 札幌市 | 140 | 18,685 |
| 仙台市 | 107 | 9,535 |
| 千葉市 | 39 | 5,340 |
| 横浜市 | 96 | 9,804 |
| 川崎市 | 36 | 2,472 |

**図１－１**　質的分類と棒グラフ

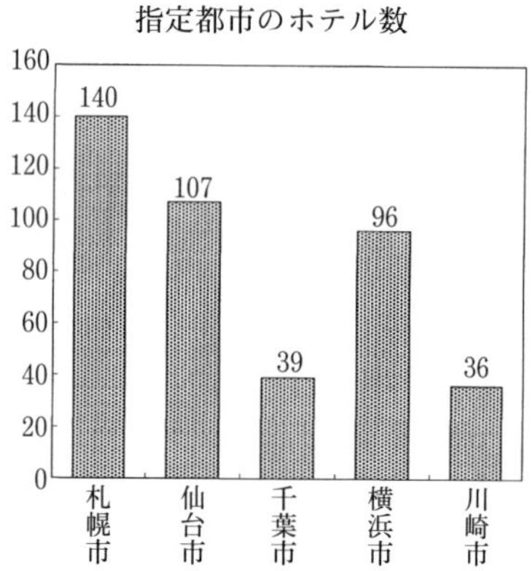


## 3 量的分類表とグラフ

身長，人口，収入などのように量的な情報で分類された量的分類表をグラフ化する場合には，離散量か連続量かでグラフのタイプが変わります。

### （1）　離散量

人口，学校数などのように，正数の値をとる離散量の場合には，度数や割合を棒の長さで示す棒グラフを用います。離散量なので，棒と棒の間に隙間を設けて表現します。また，棒の頂点を順次直線で結んで描く線グラフで表現することもあります。線グラフは分布の型を把握したり，同種の他の分布と比較する時に用います。

離散量でも，例えばその変数（項目）が１～４人，５～９人，…のように区分されている場合には，連続量のように扱うこともできます（表１－４，図１－２，図１－３）。

**表１－４**　離散量の分類表から棒グラフ，線グラフへ

宿泊旅行同行者数の割合

| 合　計 | 男性（%） | 女性（%） |
|---|---|---|
| １人 | 4.6 | 2.5 |
| 2 | 17.8 | 20.2 |
| 3 | 9.8 | 10.1 |
| ４～５ | 23.9 | 25.0 |
| ６～10 | 15.3 | 15.0 |
| 11～14 | 3.2 | 2.8 |
| 15～30 | 10.5 | 9.1 |
| 31～50 | 4.6 | 5.2 |
| 51～ | 2.4 | 2.5 |
| 不明 | 7.9 | 7.6 |

**図１－２**　離散量の棒グラフ

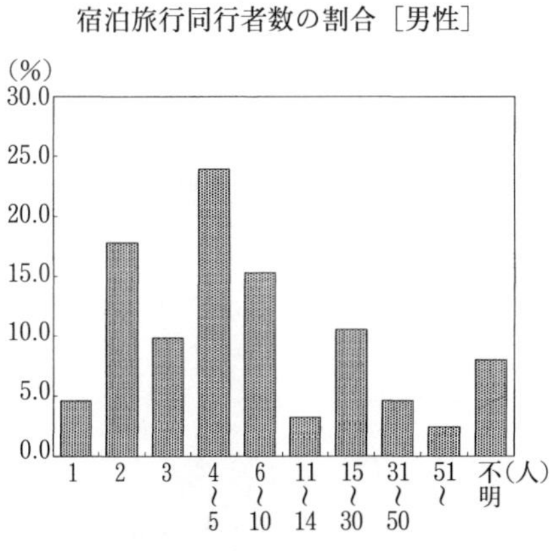


**図１－３**　離散量の線グラフ

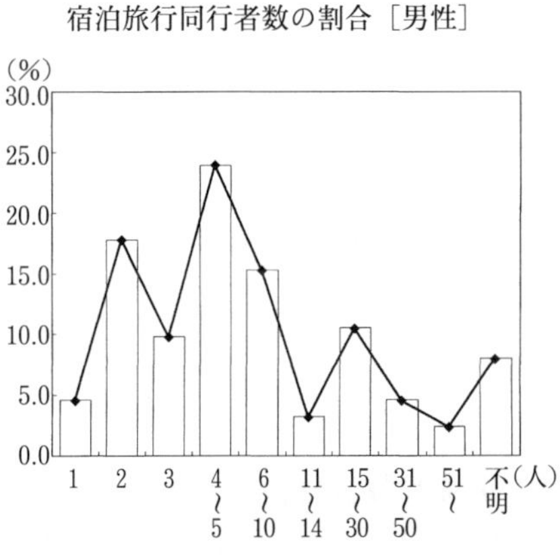


### （2）　連続量

年齢，身長，体重，収入，温度のように連続的に変化する連続量の場合には，ヒストグラムや線グラフで表現します 。

連続量の統計表は，普通，度数分布表の形にまとめられています（表１－５）。ヒストグラムは，階級が示す区間を横軸上にとり，この区間を底辺として，面積

がその階級の度数に比例するように柱で図示します。この時，柱と柱の間に隙間を設けません（図１－４）。

**表１－５　連続量の統計表**

パートタイム労働者数

| 区　　分 | 労働者数 |
|---|---|
| | （千人） |
| 合　計 | 71,980 |
| 　～　17歳 | 148 |
| 18　～　19 | 611 |
| 20　～　24 | 2,277 |
| 25　～　29 | 3,335 |
| 30　～　34 | 4,910 |
| 35　～　39 | 7,416 |
| 40　～　44 | 10,104 |
| 45　～　49 | 13,176 |
| 50　～　54 | 13,993 |
| 55　～　59 | 10,399 |
| 60　～　64 | 4,070 |
| 65歳～ | 1,542 |

**図１－４　連続量のヒストグラム**

パートタイム労働者数

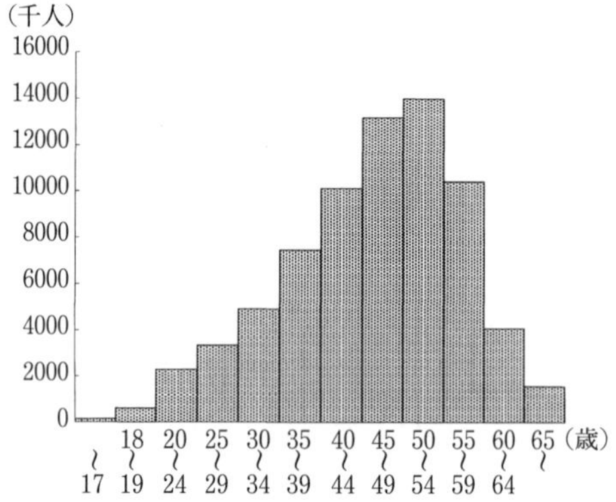


ヒストグラムに表すと，度数分布の中心的位置，広がりの範囲，対称性などを，また２種類以上の度数分布の分布型の差異などを視覚的に把握できます。

## 4 度数折れ線グラフ

ヒストグラムの各柱の頂点の中央を直線で結んで作ります。同種の度数分布の分布型を対比する場合にもよく使用されます（図１－５）。

## 5 累積度数折れ線グラフ

度数分布表の階級の度数を順に累積していくと，表１－６のような累積度数表が得られます。これを線グラフで表したものが累積（相対）度数線グラフです。累積（相対）度数線グラフでは，度数が集中している部分ほど，グラフの傾きが大きくなります。

表１－６，図１－６は，ある集団の収入別世帯数を累積（相対）度数表と累積相対度数線グラフで表現したものです。

**図1－5　度数折れ線グラフの例**

パートタイム労働者

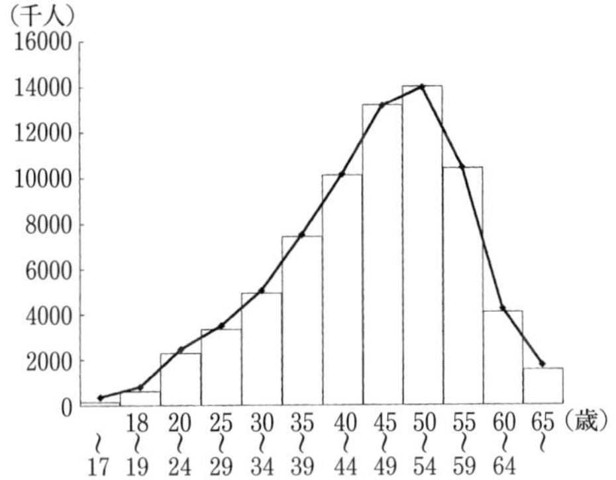


**表1－6　ある集団の収入別世帯数の累積度数表**

| | 世帯数 | 累積度数 | 累積相対度数(%) |
|---|---|---|---|
| ～199 | 50 | 50 | 0.5 |
| 200～ | 300 | 350 | 3.5 |
| 300～ | 600 | 950 | 9.5 |
| 400～ | 1,200 | 2,150 | 21.5 |
| 500～ | 1,400 | 3,550 | 35.5 |
| 600～ | 1,500 | 5,050 | 50.5 |
| 700～ | 1,300 | 6,350 | 63.5 |
| 800～ | 1,000 | 7,350 | 73.5 |
| 900～ | 900 | 8,250 | 82.5 |
| 1000～ | 800 | 9,050 | 90.5 |
| 1100～ | 600 | 9,650 | 96.5 |
| 1200～ | 350 | 10,000 | 100.0 |
| 総数 | 10,000 | | |

累積度数を総数で割った累積相対度数で表すと，ある階級以下（または以上）の度数が全体の何%に当たるかとか，全体の50%などに当たるのはどれくらいの大きさかということを，グラフから簡単に読み取れます。また，総度数の異なる集団どうしを簡単に比較することができます。

図１－６　累積相対度数線グラフ

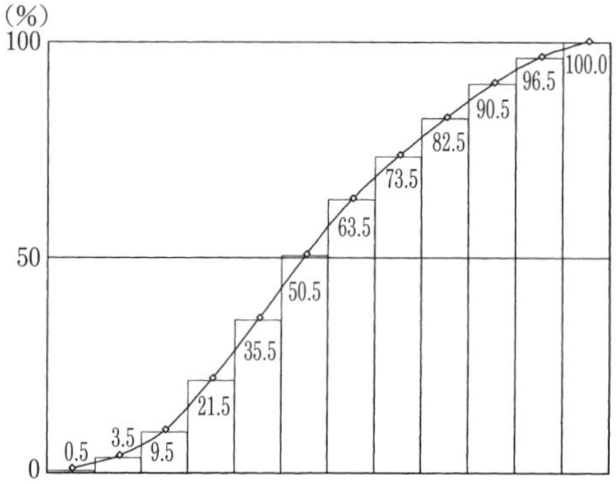


## 6 折れ線グラフ

時間の経過に伴う数値の変化の傾向を把握する場合に使用されます（図１－７）。

図１－７　世界の年平均気温の平年値（1971～2000の30年間の平均値）との差の推移

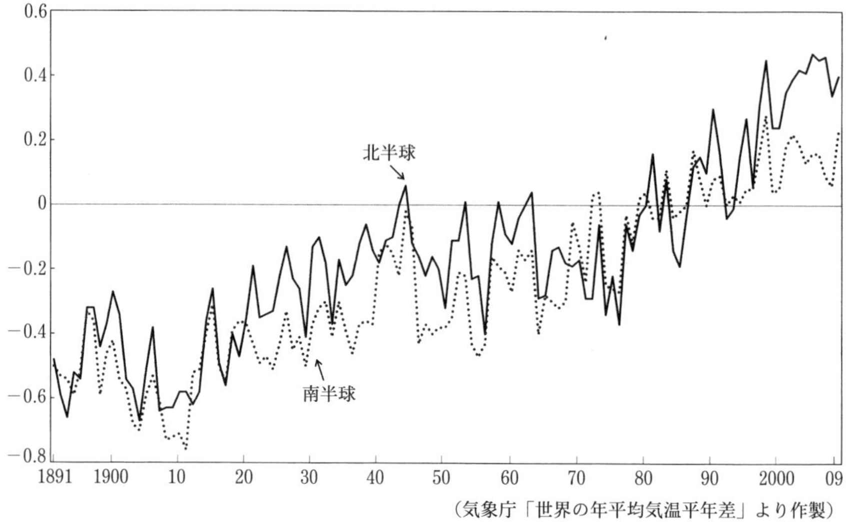


（気象庁「世界の年平均気温平年差」より作製）

## 7 相関表と相関グラフ

年齢と収入，身長と体重のように，同時に得られた2つの変数を二重に分類した統計表を相関表と呼び，1つの変数 $x$（例えば身長）を横軸に，他の変数 $y$（例えば体重）を縦軸にとって，変数の各観測値（$x$，$y$）に対応する位置を点で表示した図を相関グラフと言います。

**相関グラフ**を観察することによって，2つの変数の間にどのような関係があるかを読み取ることができます（図1－8）。

**図1－8**　身長と体重の相関グラフ

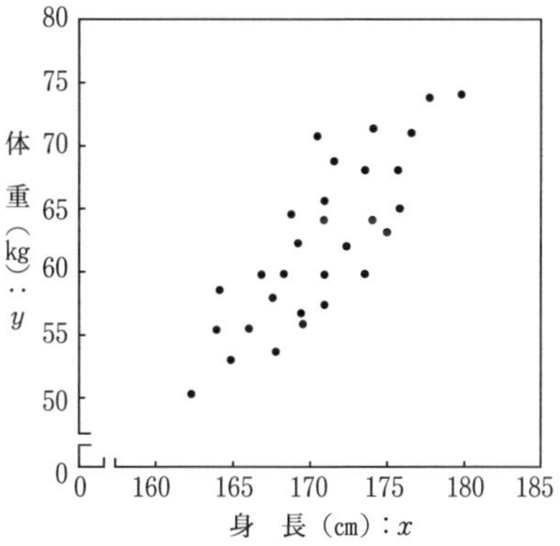


表1－7のデータは地方別の食料費・被服費の支出金額を示したものです。両変数間の相関グラフを作ってみましょう。

**表1－7**　地方別の食料費・被服費の支出金額

（1世帯，年間当たり）

| 地方名 | 食料費（千円） | 被服費（千円） |
|---|---|---|
| 北　海　道 | 696 | 114 |
| 東　　　北 | 765 | 117 |
| 関　　　東 | 829 | 144 |
| 北　　　陸 | 835 | 141 |
| 東　　　海 | 781 | 139 |
| 近　　　畿 | 796 | 136 |
| 中　　　国 | 740 | 125 |
| 四　　　国 | 745 | 127 |
| 九　　　州 | 687 | 126 |
| 沖　　　縄 | 590 | 65 |

（「平成21年家計調査年報」より）

## 8 比率と構成比のグラフ

比率は，複数の統計数字の相対的な関係を示す数値です。多くの場合，百分比（%）で表します。

構成比（%）は，全体に対するある部分（内訳区分）の割合を示す数値で，集団の構造を見る時に用いいます。

構成比のグラフ表現には，**帯グラフ**，**円グラフ**，**棒グラフ**，**レーダーチャート**などがよく使われます。

### （1） 帯グラフ

一本の帯を構成比に応じて区分したグラフで，全体に対する内訳区分の大きさを表します。また，帯グラフを何本か並べることによって，構成比の時間的な変化や地域的な違いを比較します（図1－9）。

図1－9　家計調査から見た貯蓄の種類別貯蓄現在高および構成比（2人以上の世帯）

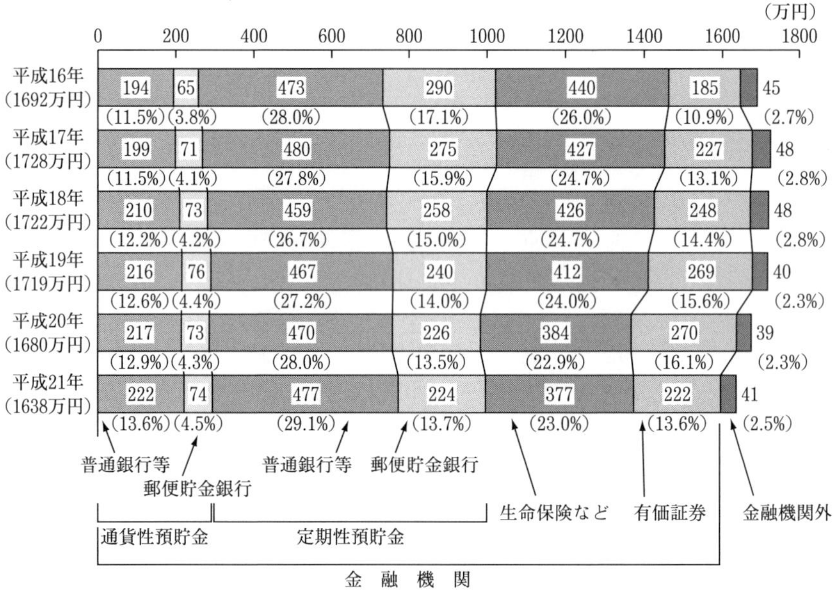

## （2） 円グラフ

円グラフは，扇形の中心角，対応する円弧の長さ，扇形の面積などの大きさで，構成比の大小を表現します。帯グラフと同じような場面で使われます。

構成比を表すグラフとしてはこのほかに，棒グラフ，**レーダーチャート**などが作られることがあります（図１－10，図１－11）。

**図１－10**　円グラフ

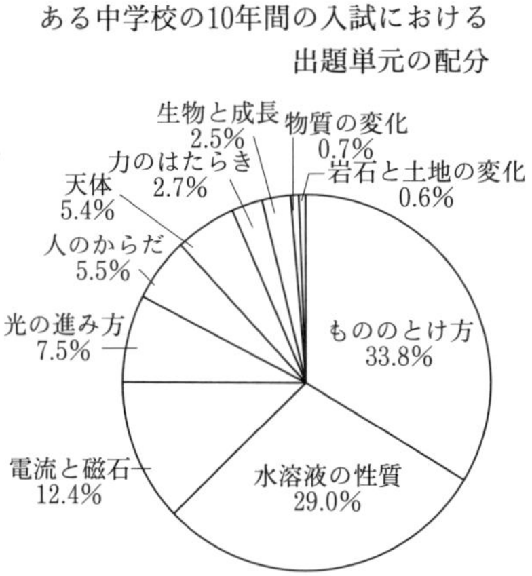


**図１－11**　レーダーチャートの例

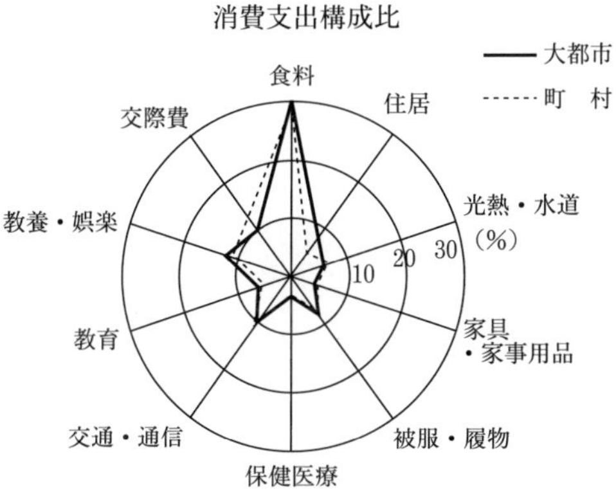

## 9 統計表に用いられる表章記号

統計表には，統計数や表題，脚注などで用いられる文字情報のほかに，独特の記号が使われます。例えば一定の期間，全くその出来事が発生しなかった場合に「－」を「０」の代わりに書くことがあります。また，その出来事が起こり得ない場合，例えば「男子の子宮癌患者数」などは「・」で表します。小数点以下２桁で四捨五入した場合「0.04」は「0.0」になります。「0.0」と「0.00」は，厳密に等しいわけではありません（表１－８）。

**表１－８　表章記号**

| | |
|---|---|
| － | 計数のない場合 |
| … | 計数不明の場合 |
| ・ | 統計項目のありえない場合 |
| 0.0 | 比率が微小（0.05未満の場合） |

# 第2章　統計データ

サイエンスをはじめとしてビジネス，スポーツ，医療，新製品の開発など多くの分野では統計学の知識が不可欠となっています。これらの分野では，データが具体的な証拠として重視されます。そして知識が信用できる確実なものであるためには，様々な条件あるいは多数回の観測や計測の結果から，その再現性が保証されねばなりません。科学では，知識の確実性を大量のデータによって裏付けようとします。**大数の法則**はデータを大量に収集した時に初めて現象の中に真実を見いだすことができることを教えてくれます。

〔問題2－1〕

コインを10回転がして表裏の出現頻度（割合）を観察してください。続いて20回，30回と試行回数を増やしてゆきましょう。試行回数を増やしてゆくと出現する回数が徐々に $\frac{1}{2}$ に近づいてゆきます。大数の法則は身近な現象で体験できます。

## 1 統計データの特徴

統計学の研究対象は統計対象と言い，現実の具体的な現象です。例えば，ある年度の出生数が117万人だとすると，この数字の背後には出生をもたらし，それを規定している人口規模のほかに，その社会の歴史や制度，文化，人間の生活があります。

そうした社会的，具体的な実在を反映した数が117万人です。統計数は具体数ですから現実的意味を持っています。「男」を「１」，「女」を「２」とコード化して平均を「1.5」としても，その値はどのような意味を持つでしょうか。このように簡単な誤りはすぐに発見できますが，データのとり方が複雑で，抽象的な場合や難解な仮定を置いた場合などには，計算された統計指数や平均値などがどのような意義を持っているのか，あるいは単なる統計的虚構なのか判断できないということがあります。数であれば統計的計算は可能です。だからこそ統計計算を行うデータの背後にある条件をきちんと理解しなくてはなりません。

## 2 先生の教務手帳から

表２－１はある先生の教務手帳の例です。このようなデータの集まりを**粗データ**と言います。「年齢」「性別」「身長」などのそれぞれの項目は（例えば「身長」は「136.5㎝」「146.1㎝」というように），一人一人の生徒によって，いろいろな値をとりますので，変数（または変量）と呼びます。

**表２－１　担任の教務手帳**

| 氏名 | 生徒番号 | 年齢（歳） | 性別 | 身長（cm） | 体重（kg） | 中間テスト成績 | 期末テスト成績 | 中間テスト順位 | 期末テスト順位 | 成績評定 | 所属クラブ |
|---|---|---|---|---|---|---|---|---|---|---|---|
| I A | 001 | 10 | 男 | 136.5 | 26.5 | 55 | 69 | 10 | 11 | B | なし |
| K A | 002 | 11 | 男 | 146.1 | 35.5 | 69 | 71 | 4 | 9 | A | 音楽 |
| S I | 003 | 11 | 男 | 148.0 | 36.5 | 54 | 45 | 11 | 22 | C | サッカー |
| M O | 004 | 11 | 男 | 147.1 | 38.5 | 67 | 77 | 5 | 7 | A | バスケット |
| S O | 005 | 10 | 男 | 133.2 | 27.0 | 53 | 89 | 12 | 2 | A | 将棋 |
| K K | 006 | 11 | 男 | 144.7 | 31.0 | 66 | 91 | 6 | 1 | A | 陸上 |
| M K | 007 | 10 | 男 | 132.7 | 25.0 | 45 | 30 | 19 | 23 | C | なし |
| N K | 008 | 10 | 男 | 145.2 | 44.0 | 75 | 64 | 3 | 16 | B | ハンドボール |
| S S | 009 | 11 | 男 | 143.2 | 32.0 | 52 | 65 | 13 | 13 | B | サッカー |
| T S | 010 | 10 | 男 | 141.0 | 30.0 | 44 | 49 | 20 | 21 | C | 野球 |
| N S | 011 | 11 | 男 | 148.5 | 35.0 | 32 | 63 | 22 | 17 | C | 理化学 |
| O S | 012 | 11 | 女 | 142.2 | 31.5 | 47 | 51 | 17 | 20 | C | 手芸 |
| R S | 013 | 10 | 女 | 139.8 | 33.0 | 51 | 70 | 14 | 10 | B | なし |
| J T | 014 | 11 | 女 | 130.0 | 23.5 | 85 | 75 | 1 | 8 | A | バスケット |
| A T | 015 | 11 | 女 | 144.8 | 33.0 | 46 | 82 | 18 | 3 | B | バレーボール |
| O T | 016 | 10 | 女 | 127.5 | 17.5 | 25 | 67 | 23 | 12 | C | ハンドボール |
| T N | 017 | 11 | 女 | 147.5 | 36.0 | 50 | 65 | 15 | 13 | B | なし |
| K H | 018 | 11 | 女 | 146.2 | 37.0 | 48 | 61 | 16 | 18 | C | ソフトボール |
| S M | 019 | 11 | 女 | 142.5 | 24.5 | 36 | 55 | 21 | 19 | C | 音楽 |
| F M | 020 | 11 | 女 | 146.8 | 31.0 | 64 | 80 | 8 | 5 | A | なし |
| T Y | 021 | 11 | 女 | 145.0 | 31.5 | 57 | 82 | 9 | 3 | A | 書道 |
| N K | 022 | 10 | 女 | 136.4 | 34.0 | 77 | 78 | 2 | 6 | A | 陸上 |
| S W | 023 | 10 | 女 | 140.0 | 27.5 | 65 | 65 | 7 | 13 | B | 絵画 |

## 3 質的データと量的データ

変数はさらに質的変数と量的変数または質的データと量的データに分けることができます。先生の教務手帳の中では，「氏名」「性別」「所属クラブ」などはモノの名称や属性，カテゴリー（範疇）についての分類を示した変数ですから，質的データと呼びます。「身長」「体重」「中間テスト」などの変数は量的データと呼びます（表2－2）。

**表2－2**　統計データの分類

| | | | （例） | （目的） |
|---|---|---|---|---|
| 統計データ | 質的データ | 名義尺度のデータ | 血液型<br>名前（生徒番号，性別）<br>所属大学 | 分類や命名符号づけ |
| | | 順序尺度のデータ | 社会的地位<br>出身階層<br>成績評定 | 順序づけ |
| | 量的データ | 間隔尺度のデータ | 温度<br>テストの成績（粗点） | 等間隔な目盛りづけ |
| | | 比率尺度のデータ | 身長，体重<br>年齢 | 原点からの等間隔の目盛りづけ |

## 4 4つの尺度

### （1） 名義尺度

先生の教務手帳に載っている「氏名」「性別」「所属クラブ」は，尺度上は名義尺度と言って，モノを分類し，数えることによって計算することができる尺度です。実際の計算では名義尺度ではコード化が重要な作業となります。例えば「氏名」は「生徒番号」としてコード化することができます。「男」を「１」，「女」を「２」としてもよいでしょうし，「所属クラブ」ではクラブごとに番号を順番に割り振ってもかまいません。コード化とはなんらかの所属やカテゴリーに数字を当てはめることです。それによって分類を簡略化したり，体型的にコンピュータ処理を行いやすくすることができます。だから思いつきで番号をつけるのではなく，できるだけ体系的，組織的にコード化する必要があります。

### （2） 順序尺度

「中間テスト順位」「期末テスト順位」などは粗点を得点の高い順に並べ替えて，番号を１，２，３と割り当てたものですし，「成績評定」はさらに大まかにＡ，Ｂ，Ｃと成績を区分して成績を順序化したものです。このようになんらかの順序づけをした（推移律の成り立つ）変数のことを順序尺度と言います。

### （3） 間隔尺度

「中間テスト成績」「期末テスト成績」などは０～100点の区間を等間隔に区切ったモノサシによって成績を得点化したものです。ここでは０点だからといって数学や国語の能力が全くないわけではありませんし，100点だからといって完全な能力を示しているのではなく，等間隔尺度による相対的な評価でしかありません。間隔尺度は量の差の大きさを数値の差で表します。そのために単位の一定性すなわち９と８の差と２と１の差が等しい必要があります。しかし原点が任意に定められているので，測定値間の倍数関係は問題にできません。間隔尺度には西暦年，セ氏温度，不快指数など生活上便利なモノサシがいろいろと工夫されています（図２－１）。

**図２－１　100点を満点とした時の間隔尺度**

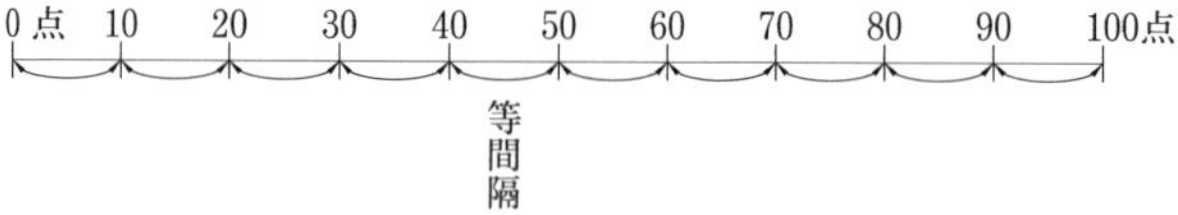


### （4） 比率尺度

間隔尺度が持つ等間隔または単位の一定性という条件のほかに，絶対原点とｇや㎝などの単位を持つ尺度のことを比率尺度と言います。先生のエンマ帳の中では「身長」「体重」などがこの尺度に当たります。身長や体重が０であるということはそのものの実態が存在しないという意味がありますので，温度が０℃（氷点を０℃と定義しているにすぎません）という間隔尺度の場合とは本質的に異なります。間隔尺度ではデータどうしの乗除はできません（例えば，20℃÷10℃＝２）が，比率尺度は最も水準の高い尺度で，あらゆる統計計算ができます。

## 5 尺度と計算

与えられた変数の尺度水準に許される統計計算をするようにしましょう。名義尺度の変数を用いて平均を計算したり，順序尺度に平均や変動係数を求めたりすることは避けましょう。表2－3は尺度と許される統計計算を示したものです。

**表2－3　尺度水準と統計計算**

| 尺　度 | 水準 | 許される統計計算 |
|---|---|---|
| 名義尺度 | 1 | 度数，比率，比，$\chi^2$，モード，相対エントロピーなど |
| 順序尺度 | 2 | 水準1で許された計算，メディアン，パーセンタイル値などの分位数，順位相関係数，範囲など |
| 間隔尺度 | 3 | 水準2で許された計算，平均，標準偏差，相関係数と，それによる多変量統計量など* |
| 比率尺度 | 4 | 水準3までに許された計算，調和平均値，幾何平均値，変動係数など |

*測定値の乗除はできないが，総和や平均は計算できる。

〔**問題2－2**〕

次の変数の尺度水準はいずれか考えなさい。

人口，面積，カ氏温度，物価指数，発電量，消費エネルギー，郵便番号，学生証番号，年齢，5段階評価された意見，所属クラブ，電話番号，センター入試の成績

〔**問題2－3**〕

次の統計計算は適切であると言えるでしょうか。

① 山田君の成績順位の1年間の平均は11位であった。

② 知能テスト3回分の平均を求める。

③ 東京の住みやすさ（5段階評定）と大阪の住みやすさ（5段階評定）の平均値，分散，変動係数を比較する。

④ 身長データから高身長，低身長を選んでその割合（%）を求める。

⑤ 札幌の気温（－10℃）は青森の気温（－5℃）の2倍寒かった。

⑥ 成績（100点満点）の度数分布の平均値，メディアン，モードを求める。

⑦ 郵便番号間の差を求める。

⑧ 所属クラブ別の人数の頻度からモードを求める。

# 第3章　度数分布（ヒストグラム）

## 1 度数分布

統計の目的は人口，病気，物価などの数字によって表現できる集団的現象を数えたり測ったりして，これを整理・分析して，その現象の背後にある規則性や関係を明らかにすることです。そこでまず，データ整理の第1段階として，「順序」や「大小関係」に従ってデータを並べ替えてみましょう。例3－1の**粗データ**があったとします。

**例3－1**　1時間の授業中に5人の児童が先生の質問に答えた回数

| | | |
|---|---|---|
| A君――1（回） | | D君――9（回） |
| B君――6 | | B君――6 |
| C君――3 | ――――→ | C君――3 |
| D君――9 | 大きさの順に | E君――2 |
| E君――2 | 並べ替える | A君――1 |

ここで，最大値は9，最小値は1です。

最大値と最小値の間に残りのデータは存在しています。これを次のように定義します。

$$R\text{（範囲）}=\text{（最大値）}-\text{（最小値）}\cdots\cdots\cdots\cdots\cdots\text{(3.1式)}$$

**範囲**とは，そのデータが取り得る値のことです。

さて，1組みのデータの中で，ある値（$x$）が出現する度数が複数あった場合には，**度数分布表（図）**によってデータを表現します。

量的変数の場合には第1章の図1－4のようにデータに適当な区分をして全体の分布の姿を把握しやすいようにします。

この区分する区間のことを**階級**と言い，階級の幅のことを**級間**と呼びます。

階級数（$I$）の決め方には目安として次の式を使うことがあります。

$$\boldsymbol{I}=1.0+3.32\log \boldsymbol{n} \qquad n\text{：データの数}$$

階級の数は，多すぎても少なすぎても分布の特徴がうまく捉えられません。

## 2 データの中心化傾向

度数分布を描くと，データは範囲全体に均一に散らばっていることはまれで，むしろある特定の階級や項目（カテゴリー）の周りに集中する傾向が見られます。表３－１はある大学で50名の学生の自宅通学者の「通学所要時間の分布」を調べたものです。これを見ると，１～1.5時間の階級の周りにデータが集中する中心化傾向が認められます。

**表３－１　通学所要時間の分布**

| 通学所要時間 | 学生の数（頻度） |
|---|---|
| 2.0～　（時間） | 4 |
| 1.5～2.0 | 10 |
| 1　～1.5 | 18 |
| 0.5～1 | 12 |
| 0　～0.5 | 6 |
| | 50 |

こうした中心化はほとんどのデータで見られます。では，なぜこうした中心化が起こるのでしょうか。著者が1,000名の学生の「通学時間」を調べたところ面白い分布が得られました。

図３－１のように，30分と１時間30分に分布の山が見られます。小さな30分の山は，主として大学寮や下宿から通学しているグループ，大きな１時間30分の山は主として自宅から通っているグループです。

この例のように，ある一つの現象を調べた時に，背景の条件が異なると，複数の中心化が現れることがあります。２つの山が現れたら，その背景の条件や要因について考えてみることが必要です。

**図3－1　大学生の通学時間の2つの山の分布**

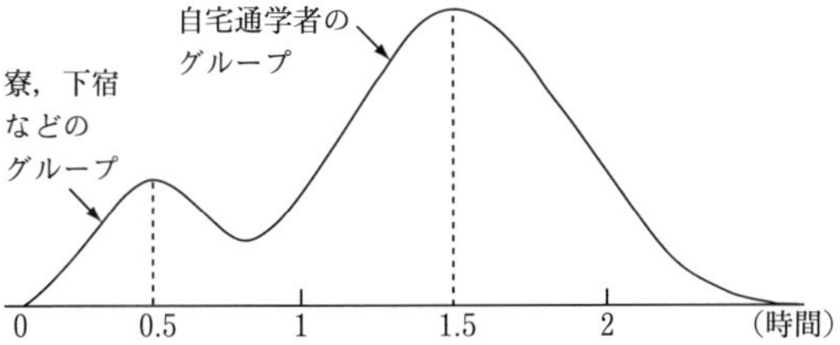


〔問題3－1〕

ある町の小学校の300名の子どもの通学時間は図3－2のような分布をしています。ところで，この小学校から30分かかる山林が開発されて団地が建つことになりました。この団地から100名くらいの子どもがこの小学校に通学するそうです。この時の全体の分布はどんな形になっているか考えてみましょう。

**図3－2　ある小学校の子どもの通学時間**

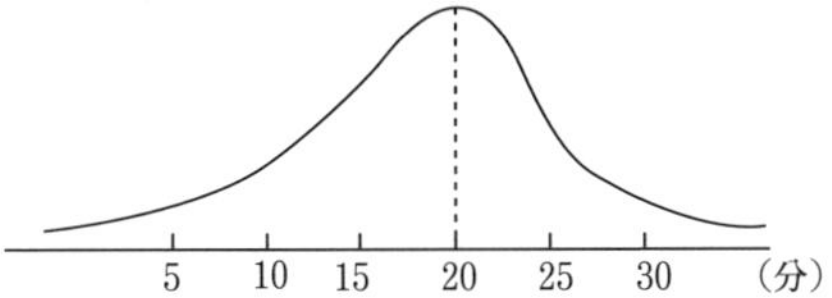

# 第4章　分布の位置
## —モード，メディアン，平均—

度数分布の形には図4－1に見られるように，分布のとがり具合，広がりの程度など様々なものが見られます。ここでは，分布の位置を測る尺度（代表値）について考えてみましょう。

図4－1　いろいろな分布の例

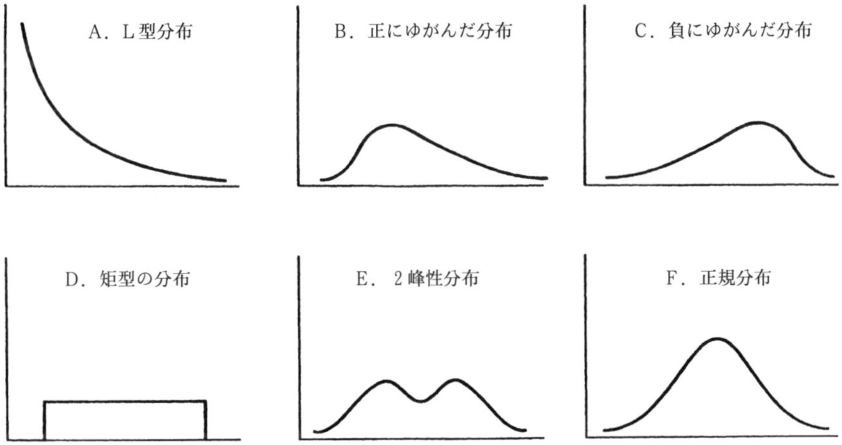


## 1 モード（$Mo$）

１組みのデータで最大の度数を持った値（階級）がある時，その値のことを**モード（最頻値）**と定義します。図4－2では日本人が「基本的な生活習慣」，タイ人は「礼儀正しさ」をしつけの第一目標に置いていることが「モード」によって示されています。モードは第2章の表2－3のすべての尺度で求めることができます。

図4－2　子どもに身につけてほしい大切なこと

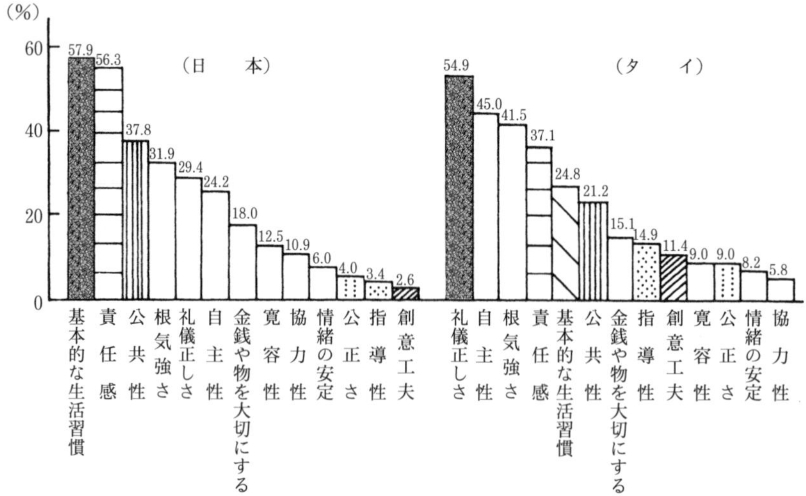


（国際比較「日本の子どもと母親」総理府青少年対策本部編）

## 2 メディアン（*Me*）

1組みのデータをその値の大きさの順に並べた時に中央に位置する値を**メディアン（中央値）**と定義します。今〔9, 6, 4, 2, 1〕のデータがあれば，$Me = 4$ です。この場合はデータ数が奇数個ですので次式を用いて

$$\boldsymbol{Me} = \frac{\boldsymbol{n+1}}{\boldsymbol{2}} \text{（番目の値）} \cdots\cdots\cdots\cdots\cdots\cdots\cdots\cdots \text{(4.1式)}$$

つまり　$\dfrac{5+1}{2} = 3$

で3番目の値の4がメディアンです。ところが $n$ が偶数個の場合では中央に位置する値が2個存在しますので

$$\boldsymbol{Me} = \frac{\dfrac{\boldsymbol{n}}{\boldsymbol{2}} + \left(\dfrac{\boldsymbol{n}}{\boldsymbol{2}} + \boldsymbol{1}\right)}{\boldsymbol{2}} \text{（番目の値）} \cdots\cdots\cdots\cdots\cdots \text{(4.2式)}$$

を用います。今〔9, 6, 3, 2〕がデータならば $n = 4$ ですから

$$\frac{\frac{4}{2}+\left(\frac{4}{2}+1\right)}{2}=2.5$$

ゆえに，２番目の値と３番目の値の中点で $\frac{6+3}{2}=4.5$ がメディアンです。

メディアンは，図４－１のＢやＣのように分布の形が左右にゆがんでいても，少数の非常に大きな値や異常値があってもその影響を受けにくいことが特徴です。

表４－１は小学生のおこづかいを１か月分について調べた結果です。メディアンではＡ，Ｂグループともに3,000円ですが，平均を求めるとＡグループは2,920円なのに対して，Ｂグループでははるかに高い4,360円となります。ここでＡグループについてはメディアン，平均のいずれを代表値としても差し支えありません。ところがＢグループでは２つの代表値の差は著しいものがあるのでメディアンを代表値とします。この例ではＢグループに11,000円という集団からかけ離れた値が存在することに原因があります。

**表４－１**　おこづかい調査（１か月，円）

| | ５人の子どものデータ | | | | | メディアン | 平　均 |
|---|---|---|---|---|---|---|---|
| Ａグループ | 2,000 | 2,400 | 3,000 | 3,300 | 3,900 | 3,000 | 2,920 |
| Ｂグループ | 2,100 | 2,300 | 3,000 | 3,400 | 11,000 | 3,000 | 4,360 |

図４－３は日本人の貯蓄額の度数分布を示したものです。モードは「100万円未満」ですから「100万円未満が最も多い」と言っても誤りではありません。同時に「1,638万円が平均である」というのも誤りではないのです。しかしここでは「メディアンは988万円である」ということがより正しいと言えます。なぜなら，分布が大きく歪んだ形を示しており，このような分布では平均は過大評価を，モードは過小評価をしてしまいますが，メディアンは適正な評価を与えるからです。

メディアンは第２章の表２－３の順序尺度以上のデータで求めることができます。

**図4－3**　家計調査報告から見た貯蓄現在高階級別世帯分布（２人以上の世帯）－平成21年－

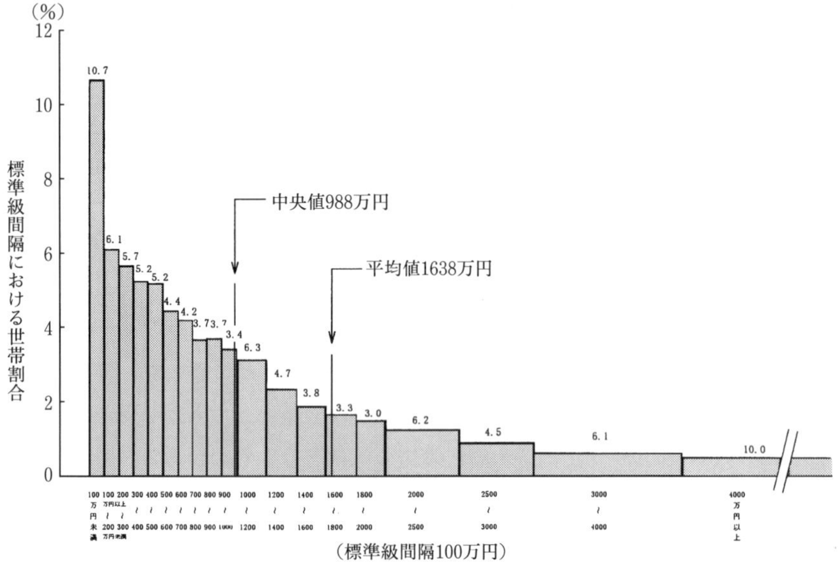


## 3 平　均（mean, $\bar{x}$）

分布の位置を示す尺度として平均（$\bar{x}$）は最も重要で多用される統計量です。平均はデータの総和（$\Sigma x$）をデータ数（$n$）で除した商で定義されます。

$$\bar{x} = \frac{\Sigma x_i}{n} \quad (i = 1,\ 2,\ \cdots i \cdots n) \quad \cdots\cdots\cdots\cdots\cdots\cdots (4.3\text{式})$$

もしデータがいくつかの階級（$I$）に組み分けされていた場合には，その階級ごとの中央の値（$x_i$）と度数（$f$）の積（$fx$）の総和を $n$ で除した商によって $\bar{x}$ を求めます。

$$\bar{x} = \frac{\Sigma f x_i}{n} \quad (i = 1,\ 2,\ \cdots i \cdots n) \quad \cdots\cdots\cdots\cdots\cdots (4.4\text{式})$$

平均は間隔尺度以上のデータで求めることができます。

〔例４－１〕

粗データが〔1，6，3，9，2〕の平均を計算しましょう。

$$\bar{x} = \frac{\Sigma x_i}{n} = \frac{1+6+3+9+2}{5} = 4.2$$

〔例4－2〕

階級に組み分けされたデータが次のデータ例 4 － 1 のように与えられている時の $\bar{x}$ を求めましょう。

**データ例 4 － 1**

| $I$ | $x$ | $f$ | $fx$ |
|---|---|---|---|
| 28～30 | 29 | 7 | 203 |
| 25～27 | 26 | 15 | 390 |
| 22～24 | 23 | 19 | 437 |
| 19～21 | 20 | 30 | 600 |
| 16～18 | 17 | 9 | 153 |
| 13～15 | 14 | 4 | 56 |
| 10～12 | 11 | 1 | 11 |
| Σ | | 85 | 1850 |

$$\bar{x} = \frac{\Sigma f x_i}{n} = \frac{1850}{85} = 21.76$$

## 4 平均の意義

平均とは平らにならした値という意味です。図 4 － 4 の(1)では平均の上部の斜線の面積と下部の網目の面積を等しく描いてあります。ここで平均は両者を等分する線分ということになります。また図 4 － 4 の(2)は天秤に分銅が下がっている状態を示した図です。ここで平均はこの天秤を平衡に釣り合うように支える位置になります。図 4 － 5 も参考にしてください。

**図 4 － 4　平均の意義**

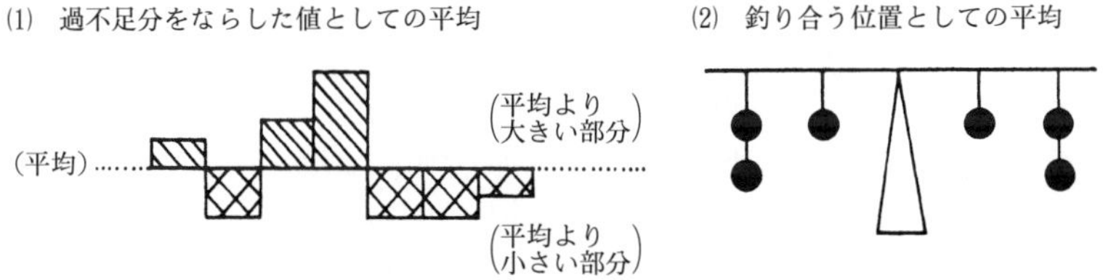

**図4-5 平均の意義**

(1) $\bar{x}$ は分布の位置を代表する

中心化
平均

(2) $\bar{x}$ によって集団の比較をする

$\bar{x}_1 < \bar{x}_2$

$\bar{x}_1$  $\bar{x}_2$

(3) 特定値を評価するための基準とする

A君 75点
平均 70点

(4) より複合的な計算を行う際の基本統計量となる

$s$（標準偏差）の計算

$-s$  $\bar{x}$  $+s$

$r$（相関係数）の計算

$\bar{x}_2$

$\bar{x}_1$

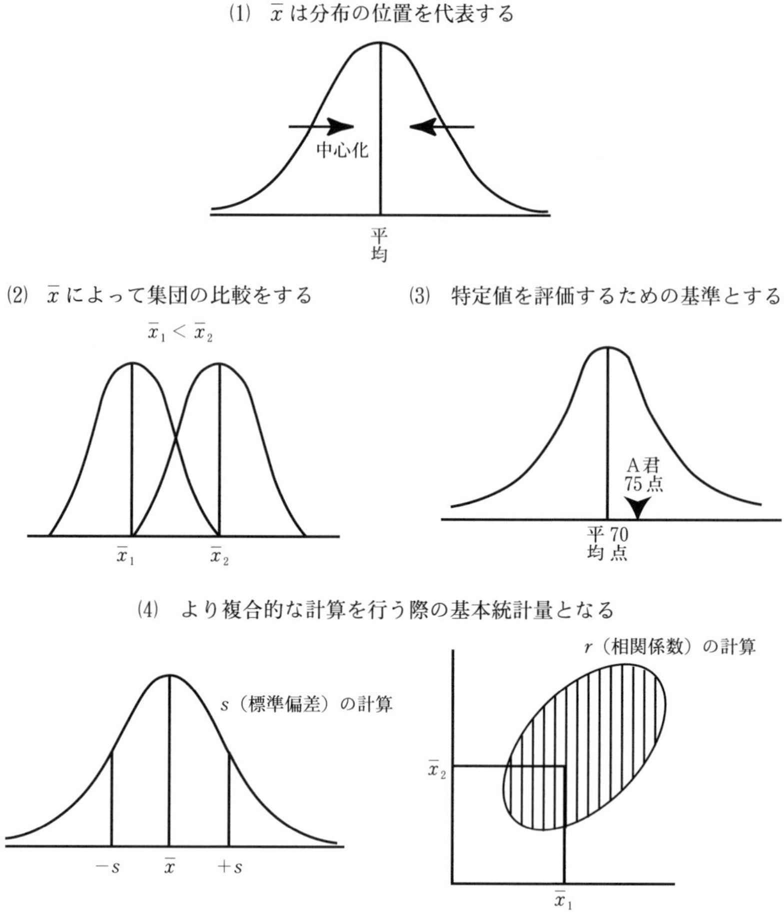

〔問題4-1〕 次のデータは成人男子25人の最大血圧です。度数分布を描き、平均（算術平均）を求めてください。

| | | | | |
|---|---|---|---|---|
| 120 | 115 | 126 | 134 | 115 |
| 117 | 102 | 155 | 123 | 136 |
| 160 | 122 | 120 | 96 | 132 |
| 113 | 150 | 121 | 132 | 115 |
| 160 | 129 | 130 | 129 | 117 |

# 第5章　名義尺度と順序尺度のデータのチラバリ

**分布の位置**はモード，メディアン，平均などの位置の尺度によって測ることができます。しかし位置が明らかになっただけでは分布の広がりの状態は表示できません。そこで位置の尺度の周りにデータがどのようにばらついているかを知る必要があります。次の例は位置の尺度（平均点）だけではデータ（個人得点）を正しく評価できないことを示しています。

## 1 模擬テストの評価

〔例5－1〕

S君は英語は得意，数学は不得意だと思っていました。模擬テストを受けましたが第1回，第2回ともに英語は70点，数学は50点でしたので予想どおりだと思いました。参考に受験者全体の平均点を教えてもらったところ，表5－1のようでした。平均点との差を見ると，英語は＋20点と＋30点，数学は＋25点と0点ですから，英語の方が成績が良いと判断して誤りはないと確信しました。そこで，S君は英語の配点の大きい大学を受験することにしました。この判断は正しいでしょうか？

**表5－1**　S君の成績と平均点

| | 第1回模試 | 第2回模試 |
|---|---|---|
| 英語 | 70点 | 70点 |
| 受験者平均点 | 50 | 40 |
| （差） | 20 | 30 |
| 数学 | 50 | 50 |
| 受験者平均点 | 25 | 50 |
| （差） | 25 | 0 |

そこで受験者全員の得点分布を調べますと図５―１のようでした。ここではＳ君の成績以上の得点領域を黒点で，平均点とＳ君の得点の間を斜線で図示してあります。１，２回の模試とも同じ70点だった英語では，平均点との差では第２回の方が相対的には高得点であるように思われます。しかし分布図から見ると，第１回の方が良いようにも見えます。一方，第１回模試の数学は50点の得点ながら順位は高位だったようです。このように単純に平均点との差からのみでは成績の高低は判断できません。

分布の広がり（チラバリ）を測る尺度として次のような**散布度**が用いられます。

**図５－１**　テストごとの得点分布とＳ君の得点

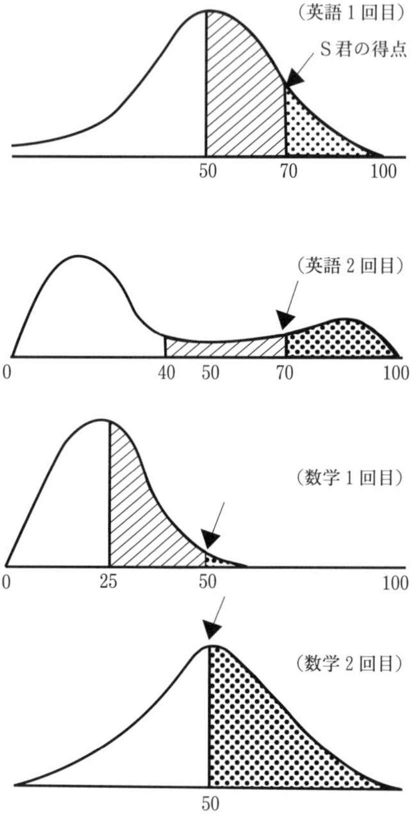

| | | |
|---|---|---|
| 名義尺度のデータに対して， | ① | ビットやエントロピー |
| 順序尺度以上のデータに対して， | ② | 範囲（レンジ） |
| | ③ | 四分位偏差やパーセンタイル |
| 間隔尺度以上のデータに対して， | ④ | 分散と標準偏差 |
| 比例尺度以上のデータに対して， | ⑤ | 変動係数 |

## 2 ビットとエントロピー―名義尺度データのチラバリ―

この尺度は名義尺度のデータの散布度を測るのに適しています。例えば，「あなたは大学卒業後就職を希望しますか，①はい，②いいえ，③未定」で回答がどの程度のチラバリがあるかを計算する時などに利用します。

**ビット**とは，ここでは「yes」か「no」の判定を1回行うごとに区別できる情報の量のことです。

今，あなたが0から7までのどれかの番号のついたカードを1枚持っているとしましょう。先生があなたに質問して，あなたは「yes」か「no」で返事をします。先生は何回質問すればあなたの持っているカードの番号をあてられるでしょうか。図5－2は第3問目であてられることを図示しています。つまり8個のカード（8個の異なるもの）を区別するのには $8=2^3$，つまり3ビットの情報量が必要です。同じように，16個の箱の中に正解が1つだけ入った箱をあてるには $16=2^4$ で4ビットとか，生まれてくる赤ちゃんは男と女のどちらかだから $2=2^1$ で1ビットの**情報量**というようになります。

これらの例では，カードも箱も，男の赤ちゃんも女の赤ちゃんも，出現する確率は等しい場合でしたが，それぞれの出現確率が異なる場合もあります。この確率を $p_i$ と書きます。ここで，質問に対する選択肢の持つ**平均情報量**（$H$）を次式で定義します。

$$\boldsymbol{H = -\sum^{k} p_i \log_2 p_i} \quad \cdots\cdots\cdots\cdots\cdots\cdots\cdots\cdots (5.1式)$$

$k$ は選択肢や回答の数，$p_i$ は各選択肢や回答の出現する確率，Σは総和，$\log_2$ は自然対数（$l_n$）を意味しています。

**図5－2　3ビットの情報によるカードの区別**

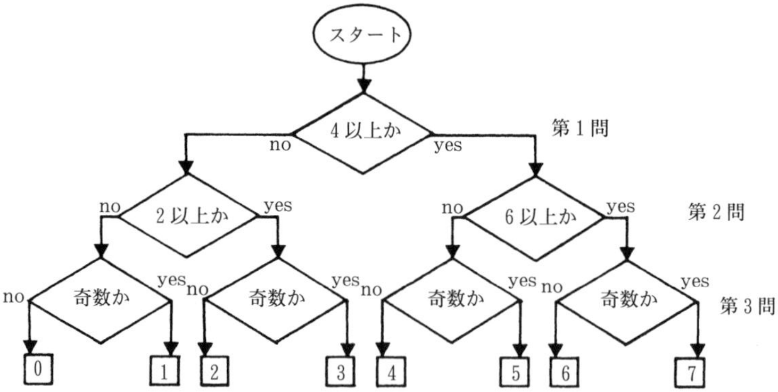


〔例5－2〕

「あなたは将来仕事を続けたいと思いますか，次の①，②，③，④のうちでどれか1つ選んでください」というアンケートに対しての回答は次のようでした。ここでA，B，C学科によって回答の傾向に大きな違いがあります。そこで各学科の回答のバラツキを比較するために平均情報量を計算してみましょう。

| | A学科 | B学科 | C学科 |
|---|---|---|---|
| ①　結婚し出産するまでは仕事をする。 | 25(%) | 12.5(%) | 100(%) |
| ②　結婚しないで仕事をする。 | 25 | 25 | — |
| ③　結婚し出産しても仕事を続ける。 | 25 | 50 | — |
| ④　結婚，仕事とも未定で分からない。 | 25 | 12.5 | — |

A学科は全選択肢とも $p = 0.25$ ですから，図5－3のようになります。$H$ は次の近似式を用いて実用上問題ありません。

**$H$ ＝－(各選択肢の確率×3.32193 log 各選択肢の確率)の和** ………(5.2式)

A学科の $H$ は $p = 0.25$ が4個であるので

$$H = -(0.25 \times 3.32193 \log 0.25) \times 4 = 2(bit)$$

となります。

次に，バラツキを表現する指標として，**相対エントロピー**（$H_r$）を定義してお

**図 5 − 3　A 学科の情報量は？**

すべての項目が同じ確率の場合

| | |
|---|---|
| ①　結婚し出産するまでは仕事をする。 | 25% |
| ②　結婚しないで仕事をする。 | 25% |
| ③　結婚し出産しても仕事を続ける。 | 25% |
| ④　結婚，仕事とも未定で分からない。 | 25% |

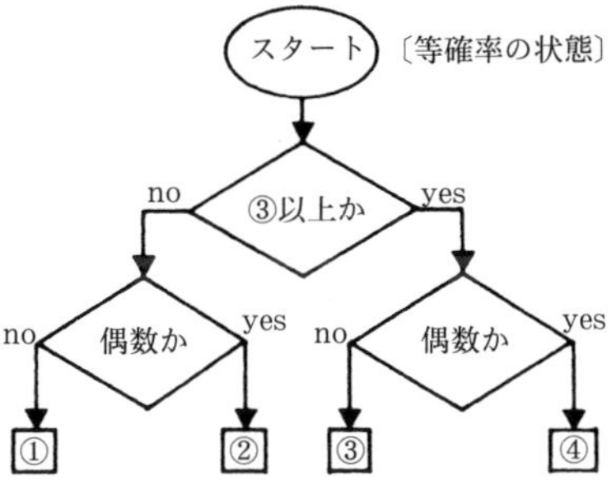


きます。

$$H_r = \frac{H}{H_x} \cdots\cdots\cdots\cdots\cdots\cdots\cdots\cdots\cdots\text{(5.3式)}$$

ここで $H_x$ を最も情報量が大きい場合，**最大情報量**（$H_x$）とします。$k$ は選択肢数です。

$$H_x = \log_2 k \cdots\cdots\cdots\cdots\cdots\cdots\cdots\cdots\cdots\text{(5.4式)}$$

です。近似値は

$$H_x = 3.32193 \times \log k$$

で計算されますから，この例ではアンケート項目の $H_x$ は

$$H_x = 3.32193 \times \log 4 = 2(bit)$$

ということになります。A 学科の学生たちの回答状況は $H_x$ に等しく，最大であったわけです。つまり等確率に各選択肢が選ばれている時に $H_x$ が最大となります。

この例ですと $H$，$H_x$ いずれも $2bit$ ですから $H_r = \frac{2}{2} = 1$ で最大の相対エントロピーとなります。最も情報量が多い，バラツキが大きいわけです。これに対して，C 学科は選択肢「①」に回答が集中しています。C 学科の有回答は「①」だけですから

$$H = (1 \times 3.32193 \log 1) = 0(bit)$$

となり，$0(bit)$ つまり最小値が得られます。当然 $H_r = \frac{0}{2} = 0$ ですからバラツキはまったく存在しないことになります。

**〔問題５－１〕**

Ｂ学科の $H$ および $H_r$ を計算してみましょう。[ ] の中に適当な数字を入れてください。

| 選択肢 | (%) | 計算結果 |
|---|---|---|
| 「①」 | 12.5 | 0.125×3.32193 log0.125＝[ ] |
| 「②」 | 25.0 | 0.25×[ ] log[ ] ＝[ ] |
| 「③」 | 50.0 | [ ] ×3.32193[ ] ＝－0.5 |
| 「④」 | 12.5 | 「①」に同じ ＝[ ] |

このように名義尺度で構成されたアンケート項目の分析には，その回答のバラツキの程度を相対エントロピー（$H_r$）によって測定することができるわけです。

## 3 パーセンタイル―順序尺度以上の尺度データのチラバリ―

メディアンは与えられた度数分布を50%ずつに２分する位置の尺度でした。次に50%を動かして10%，20%……90%とすることにします。ここで10%という値を「与えられた度数分布においてその値よりも小さい観測値の個数が全体の10%にあたる値」と考えてみます。このような値を10パーセンタイル（値）と呼びます（図５－４）。

ここでは $P_{10}$ と書くことにします。メディアンは $P_{50}$ と書きます。

**図５－４**　10パーセンタイルのイメージ

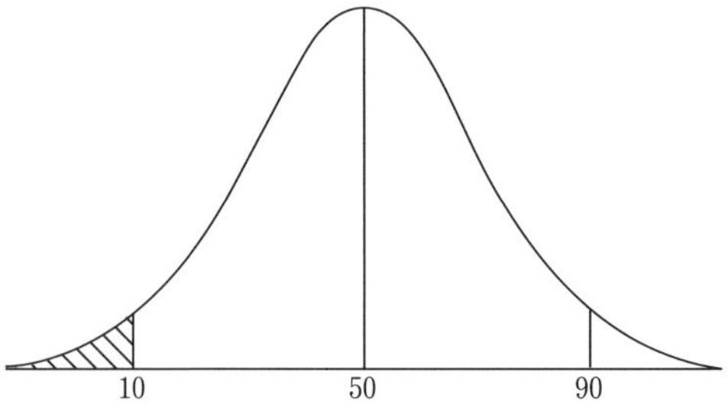

〔例５－３〕

今，データが（9，1，4，3，2，7，5，6，8，10）と与えられています。これを大きい順に並べ直してから $P_{25}$，$P_{50}$，$P_{75}$ を求めましょう。

ここで次の公式を利用します。今，求める順位を $l$，データ数を $n$，求めるパーセンタイルを $P_x$ として，次の公式を用います。

$$\boldsymbol{l_x = \frac{100 \times n + 50 - n \times P_x}{100}} \quad \cdots\cdots\cdots\cdots\cdots\cdots(5.5式)$$

25，50，75パーセンタイルを求めると，

$$l_{25} = \frac{100 \times 10 + 50 - 10 \times 25}{100} = 8番目の値 \rightarrow P_{25} = 3$$

$$l_{50} = \frac{100 \times 10 + 50 - 10 \times 50}{100} = 5.5番目の値 \rightarrow P_{50} = 5.5$$

$$l_{75} = \frac{100 \times 10 + 50 - 10 \times 75}{100} = 3番目の値 \rightarrow P_{75} = 8$$

ということになります。この場合は，求めるパーセンタイルを手がかりにして順位（$l$）を求めたわけですが，反対に，順位からパーセンタイルを求めることもあります。例えば，５番目の値‘6’は何パーセンタイルに相当するかという時には，次の公式を利用します。

$$\boldsymbol{P_x(パーセンタイル値) = 100 - \frac{100 \times l - 50}{n}} \quad \cdots\cdots\cdots(5.6式)$$

したがって，５番目の値は

$$P_x = 100 - \frac{100 \times 5 - 50}{10} = 55 \rightarrow P_{55}$$

となります。

〔問題５－２〕

Ａ産院では誕生した25名の赤ちゃんの出生時の体重を大きい順に並べてみました。このデータを基に $P_{10}$，$P_{50}$，$P_{90}$ を求めてください。

A産院で生まれた赤ちゃんの体重（g）

| 順位 | 体重 | 順位 | 体重 | 順位 | 体重 |
|---|---|---|---|---|---|
| 1 | 4,010 | 11 | 3,248 | 21 | 2,780 |
| 2 | 3,985 | 12 | 3,245 | 22 | 2,775 |
| 3 | 3,705 | 13 | 3,230 | 23 | 2,700 |
| 4 | 3,690 | 14 | 3,115 | 24 | 2,600 |
| 5 | 3,575 | 15 | 3,020 | 25 | 2,480 |
| 6 | 3,530 | 16 | 3,000 | | |
| 7 | 3,450 | 17 | 2,990 | | |
| 8 | 3,450 | 18 | 2,870 | | |
| 9 | 3,330 | 19 | 2,870 | | |
| 10 | 3,290 | 20 | 2,800 | | |

**〔問題５－３〕**

10番目の3,290（g），17番目の2,990（g）の値をパーセンタイルにしてください。

赤ちゃんの発育評価はその健康状態や発達の異常・正常を判断する上で重要な情報を与えてくれます。厚生労働省は10年に１度，乳幼児の発育値を標準化して公表していますが，この全国標準値では平均を用いず，パーセンタイルを用います。これはこれらの数値を実際に利用する母親や保母などにとって，パーセンタイルによって「この赤ちゃんより小さな赤ちゃんは60％います」という評価の仕方が具体的に理解しやすいからです（表５－２）。

パーセンタイルは度数分布全体を100に分けた統計量でした。同様に分布を等しく４つに分けることも可能です。これを**四分位**と言います。パーセンタイルに対応させると25パーセンタイルを**第１四分位**（$Q1$），50パーセンタイルを**第２四分位**（$Q2$），75パーセンタイルを**第３四分位**（$Q3$）と呼びます。

この四分位を用いて，順序尺度以上の水準のデータの分布のバラツキを測る尺度が考えられています。

**四分位レンジ**　$$RQ = Q3 - Q1 \quad \cdots\cdots(5.5式)$$

**四分位偏差**　$$Q = \frac{1}{2}RQ \quad \cdots\cdots(5.6式)$$

**表５－２**　赤ちゃんの体重（kg）の３，10，25，50，75，90および97パーセンタイル値

男　子

| 年・月・日齢＼パーセンタイル | 3 | 10 | 25 | 50<br>中央値 | 75 | 90 | 97 |
|---|---|---|---|---|---|---|---|
| 出生時 | 2.23 | 2.52 | 2.76 | 3 | 3.26 | 3.51 | 3.79 |
| １日 | 2.18 | 2.47 | 2.7 | 2.93 | 3.18 | 3.43 | 3.7 |
| ２日 | 2.16 | 2.44 | 2.67 | 2.89 | 3.14 | 3.39 | 3.65 |
| ３日 | 2.17 | 2.46 | 2.69 | 2.92 | 3.17 | 3.41 | 3.65 |
| ４日 | 2.21 | 2.5 | 2.73 | 2.97 | 3.22 | 3.47 | 3.69 |
| ５日 | 2.25 | 2.55 | 2.78 | 3.02 | 3.28 | 3.53 | 3.74 |
| ６日 | 2.29 | 2.59 | 2.83 | 3.08 | 3.34 | 3.58 | 3.8 |
| ７日 | 2.33 | 2.64 | 2.88 | 3.13 | 3.39 | 3.63 | 3.85 |
| 30日 | 3.29 | 3.63 | 3.91 | 4.24 | 4.6 | 4.92 | 5.2 |
| ０年１～２月未満 | 3.82 | 4.21 | 4.52 | 4.9 | 5.32 | 5.71 | 6.09 |
| ２～３ | 4.63 | 5.14 | 5.52 | 5.97 | 6.47 | 6.94 | 7.4 |
| ３～４ | 5.31 | 5.84 | 6.26 | 6.78 | 7.33 | 7.85 | 8.36 |
| ４～５ | 5.85 | 6.35 | 6.8 | 7.35 | 7.94 | 8.49 | 9.04 |
| ５～６ | 6.29 | 6.75 | 7.22 | 7.79 | 8.41 | 8.98 | 9.55 |
| ６～７ | 6.66 | 7.1 | 7.58 | 8.16 | 8.8 | 9.39 | 9.97 |
| ７～８ | 6.91 | 7.36 | 7.85 | 8.45 | 9.09 | 9.67 | 10.26 |
| ８～９ | 7.15 | 7.61 | 8.11 | 8.7 | 9.34 | 9.92 | 10.49 |
| ９～10 | 7.36 | 7.82 | 8.32 | 8.93 | 9.57 | 10.15 | 10.73 |
| 10～11 | 7.56 | 8.02 | 8.52 | 9.13 | 9.78 | 10.36 | 10.95 |
| 11～12 | 7.73 | 8.21 | 8.72 | 9.33 | 9.97 | 10.57 | 11.18 |
| １年０～１月未満 | 7.89 | 8.39 | 8.9 | 9.51 | 10.16 | 10.77 | 11.44 |
| １～２ | 8.04 | 8.55 | 9.07 | 9.68 | 10.35 | 10.95 | 11.7 |
| ２～３ | 8.18 | 8.69 | 9.22 | 9.85 | 10.51 | 11.18 | 11.95 |
| ３～４ | 8.32 | 8.84 | 9.37 | 10.03 | 10.71 | 11.39 | 12.18 |
| ４～５ | 8.47 | 8.99 | 9.53 | 10.22 | 10.9 | 11.61 | 12.41 |
| ５～６ | 8.63 | 9.16 | 9.7 | 10.41 | 11.11 | 11.83 | 12.65 |
| ６～７ | 8.78 | 9.31 | 9.87 | 10.59 | 11.31 | 12.04 | 12.89 |
| ７～８ | 8.93 | 9.47 | 10.04 | 10.77 | 11.5 | 12.26 | 13.12 |
| ８～９ | 9.06 | 9.62 | 10.2 | 10.94 | 11.69 | 12.46 | 13.33 |
| ９～10 | 9.18 | 9.75 | 10.34 | 11.1 | 11.86 | 12.65 | 13.52 |
| 10～11 | 9.33 | 9.9 | 10.5 | 11.28 | 12.06 | 12.87 | 13.74 |
| 11～12 | 9.44 | 10.03 | 10.64 | 11.43 | 12.23 | 13.05 | 13.92 |
| ２年０～６月未満 | 9.97 | 10.59 | 11.26 | 12.07 | 12.91 | 13.81 | 14.74 |
| ６～12 | 10.8 | 11.46 | 12.18 | 13.01 | 13.92 | 14.97 | 16.04 |
| ３年０～６月未満 | 11.59 | 12.28 | 13.06 | 13.97 | 14.99 | 16.14 | 17.36 |
| ６～12 | 12.34 | 13.09 | 13.93 | 14.92 | 16.05 | 17.33 | 18.71 |
| ４年０～６月未満 | 13.1 | 13.9 | 14.82 | 15.9 | 17.16 | 18.6 | 20.17 |
| ６～12 | 13.86 | 14.72 | 15.72 | 16.91 | 18.3 | 19.93 | 21.71 |
| ５年０～６月未満 | 14.63 | 15.56 | 16.65 | 17.96 | 19.52 | 21.38 | 23.4 |
| ６～12 | 15.27 | 16.32 | 17.48 | 18.93 | 20.7 | 22.85 | 25.5 |
| ６年０～６月未満 | 15.93 | 17.14 | 18.38 | 19.87 | 21.94 | 24.67 | 28.03 |

（厚生労働省，平成12年度乳幼児身体発育調査より作製）

図５－５のような正規分布が仮定されるデータでは四分位偏差の約1.5倍が標準偏差（$s$）になります。

$$s = 1.5Q \quad \cdots\cdots（5.7式）$$

**図５－５　四分位レンジと四分位偏差**

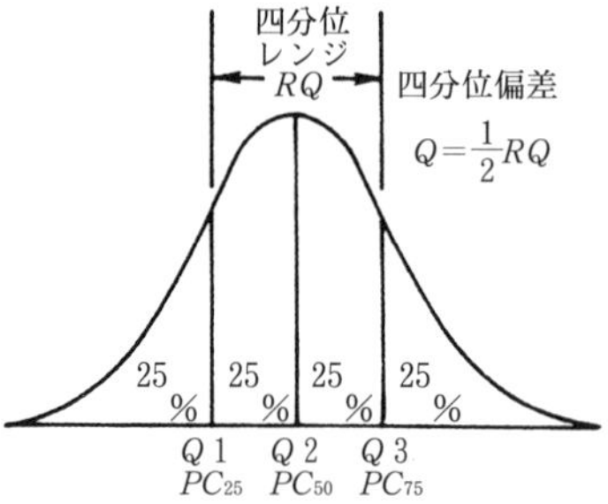


**〔例５－４〕**

次のデータは生徒30名のテスト成績です。このデータから$RQ$，$Q$を求めてください。

生徒30名のテスト成績

| 順位 | 得点 | 順位 | 得点 | 順位 | 得点 | 順位 | 得点 | 順位 | 得点 |
|---|---|---|---|---|---|---|---|---|---|
| 1 | 100 | 7 | 91 | 13 | 82 | 19 | 76 | 25 | 73 |
| 2 | 98 | 8 | 87 | 14 | 82 | 20 | 76 | 26 | 70 |
| 3 | 98 | 9 | 87 | 15 | 82 | 21 | 76 | 27 | 69 |
| 4 | 96 | 10 | 85 | 16 | 82 | 22 | 73 | 28 | 67 |
| 5 | 94 | 11 | 85 | 17 | 80 | 23 | 73 | 29 | 67 |
| 6 | 92 | 12 | 85 | 18 | 78 | 24 | 73 | 30 | 65 |

まずはメディアン（$P_{50}$）を探しましょう。データ数は30ですから，15番目と16番目のデータ値の中点がメディアンです。

15番目，16番目ともに82ですから，

$$Me = \frac{82+82}{2} = 82（点）$$

となります。メディアンを求めておくと第１，３四分位を探すのには便利です。

というのは，第1四分位は1～15番目の中央の値，第3四分位は16番目～30番目のデータの中央の値ですから，

$$第1四分位（Q1）=\frac{15+1}{2}=8（番目）$$

で87点ということになり，第3四分位（$Q$）は16番目のデータから数えて8番目，つまり23番目のデータである73点ということになります。したがって，

$$四分位レンジ\quad RQ=87-73=14点$$

$$四分位偏差\qquad Q=\frac{87-73}{2}=7点$$

となります。また，標準偏差の近似値（四分位偏差$Q$を1.5倍します）を求めると次のようです。

$$s=7\times1.5=10.5$$

# 第6章　間隔尺度と比率尺度のデータのチラバリ

データのバラツキを示す尺度として，エントロピー，範囲，パーセンタイル，四分位偏差などを学習してきました。ここではより多用されるバラツキの尺度として平均偏差，分散，標準偏差について学びます。

## 1 平均偏差

平均偏差（$AD$）は，それぞれのデータ（$x_i$）から平均（$\overline{x}$）を差し引いた値の平均として定義されます。

$$AD_x = \frac{\Sigma(x_i - \overline{x})}{n} \quad \cdots\cdots\cdots\cdots\cdots\cdots(6.1式)$$

いま，例6－1で中村さんの体重が56kgで平均が50kgなので**偏差**は56－50＝6（kg），ということになります。

〔例6－1〕

それでは表6－1の空欄を中村さんの例にならって計算してみてください。

表6－1

| 氏　名 | 体重(kg) | 偏差（$d=(x_i-\overline{x})$） | 絶対偏差 $\lvert d \rvert$ | 偏差平方 $d^2$ |
|---|---|---|---|---|
| 中　村 | 56 | 56－50＝6 | ＋6 | $6^2=36$ |
| 佐　藤 | 45 | | | |
| 大　木 | 60 | | | |
| 山　田 | 50 | | | |
| 渡　辺 | 39 | | | |

ここで得られたデータすべての $d$ を平均すると $\overline{d}=0$ となります。平均とはもともと正の偏差と負の偏差が等しくなるような値なのですから当然です。ともかくこれではバラツキの尺度になりません。そこで偏差の正負の記号を無視して

$|d|$ の平均を利用します。

例 6 － 1 ですと $AD$ は次のようになります。

$$AD = \frac{6+5+10+0+11}{5} = 6.4$$

平均偏差は範囲や四分位偏差と違って 1 つ 1 つのデータの大きさを反映したバラツキの尺度であると言えます。

## 2 分　散

さらにもう一歩進めて偏差 $d_i = x_i - \overline{x}$ の 2 乗 $d_i{}^2 = (x_i - \overline{x})^2$ を考えてみます。これを偏差平方と言います。この方法によっても負の偏差は正に変換されます。ここでは偏差平方の平均を求めます。

$$\boldsymbol{s_x}^2 = \frac{\boldsymbol{\Sigma(x_i - \overline{x})^2}}{\boldsymbol{n}} \quad \cdots\cdots\cdots\cdots\cdots\cdots\cdots\cdots (6.2\text{式})$$

これが**分散**（$s^2$）と呼ばれる，データのバラツキを表すモノサシです。

例 6 － 1 で $s^2$ を求めてみましょう（空欄を計算してみましょう）。

偏差平方和（$\Sigma d_i{}^2$）$= 6^2 + (-5)^2 + 10^2 + 0^2 + (-11)^2 = 282$ ですから，

$s^2 = \dfrac{\Sigma d_i{}^2}{n} = \dfrac{282}{5} = 56.4$ となります。

これらの関係を分かりやすく図示してみましょう（図 6 － 1）。それぞれのデータの平均からの偏差（$x_i - \overline{x}$）を 2 乗したもの（$x_i - \overline{x}$）$^2$ を $d_1{}^2$, $d_2{}^2$, $\cdots d_5{}^2$ と表してあります。この図から分散とは $d_i$ を一辺とした正方形の面積（$d^2$）をすべて合計し，データ数で割り算して求めた平均なのです。

## 3 標準偏差

標準偏差（$s$）は分散と並んで，データのバラツキを示すのに最も利用されます。標準偏差は図 6 － 1 に示したように，それぞれのデータ（$x_i$）の偏差平方（$x_i - \overline{x}$）$^2$ の平均（$\dfrac{\Sigma d_i{}^2}{n}$）である分散（$s_x{}^2$：黒く示した正方形）の平方根（$\sqrt{s_x{}^2}$：正方形の一辺）として理解できます。これを

**図 6 − 1　分散と標準偏差の図解**

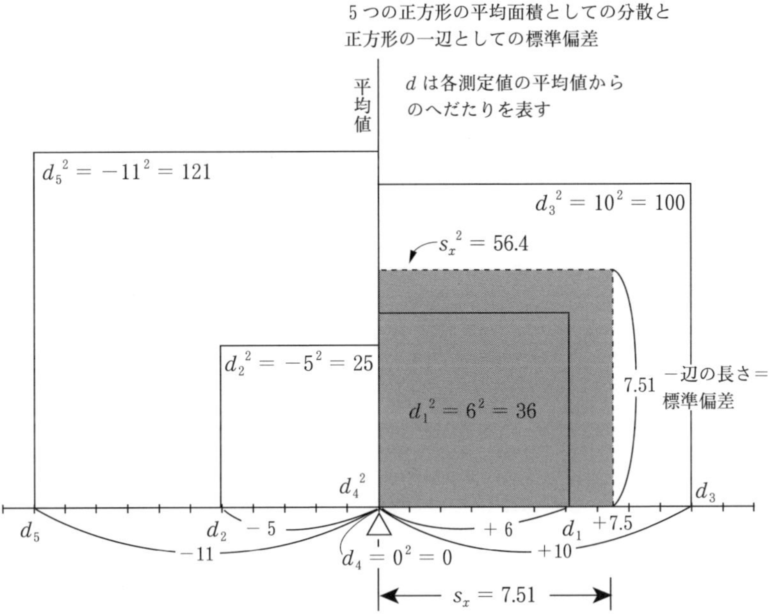


$$s_x = \sqrt{s_x^{\,2}} = \sqrt{\frac{\Sigma(x_i - \bar{x})^2}{n}} \quad \cdots\cdots\cdots\cdots\cdots\cdots(6.3式)$$

と書きます。図 6 − 1 の分散（正方形）の一辺の長さが標準偏差になります。

したがって例 6 − 1 のデータでは，

$$s_x = \sqrt{56.4} = 7.51$$

（$\bar{x}$ をはさんでプラスとマイナスの $s_x$ があるので ±7.51 と書いてもよい）が求める標準偏差となります。さらに計算を簡単にするために次式を用います。

$$s_x = \sqrt{\frac{\Sigma x^2 - \frac{(\Sigma x)^2}{n}}{n}} \quad \cdots\cdots\cdots\cdots\cdots\cdots\cdots(6.4式)$$

この計算は，次のような表をつくって行うと間違えにくくなります。

データが6，7，9，11，12であったとしたら，

| | データ（$x_i$） | $x_i^2$ |
|---|---|---|
| | 6 | 36 |
| | 7 | 49 |
| | 9 | 81 |
| | 11 | 121 |
| | 12 | 144 |
| 計 | 45 | 431 |

$$s_x = \sqrt{\frac{431 - \frac{(45)^2}{5}}{5}} = 2.28$$

標準偏差を表記する時は単位をつけましょう（分散にはつけられません）。

## 4 標準偏差を計算する時の注意—誤った集計例—

（1） データの中に極端な値がある時には標準偏差はその値に影響されて非常に大きくなります。それは標準偏差がデータの2乗値を用いていることによります。もし，極端なデータがある場合には，測定，調査方法に誤りはなかったのか，データの転記やコンピュータに入力する際のミスがなかったかどうかなどを調べる必要があります。

例えば次のような集計結果であればどう考えたらよいでしょうか。

**例6－2　大きすぎる標準偏差**

| | 平均値 | 標準偏差 | データ数 |
|---|---|---|---|
| 身長（2年生） | 120㎝ | 11.6㎝ | 200人 |
| 身長（3年生） | 125 | 4.3 | 260 |

2年生の標準偏差は11.6㎝で3年生の4.3㎝よりずいぶん大きいですね。身長のように比較的安定した測定値でこんなことがあります。こんな時には「これは，おかしいぞ」と疑ってみる必要があります。

極端な，異常な値を発見するのは経験やカンによるところが大きいのですが，常識的に見ておかしいという場合もあります。

**例6－3**　常識的に見ておかしな標準偏差

| | 起床時間（$\bar{x}$） | （$s_x$） | $n$ |
|---|---|---|---|
| 小学2年生 | 6:48（平日） | 2:10 | 500人 |
| 中学2年生 | 6:52 | 2:40 | 500 |
| 高校2年生 | 6:58 | 2:20 | 500 |

このデータで$s_x$が2時間を超えていますので，正規分布の理論からすると，6:48±2:10以外の時刻に起床している小学2年生が約3割も存在することになります。4時や8時30分に起きる小学生がそんなにたくさんいるわけはありません。これはある報告書の原稿の中にあった実例ですが，計算プログラムのエラーかデータの誤り（異常値やコンピュータ入力ミス）が混在しているようです。

（2）　次の集計結果（例6－4）を見てください。どこか不審な点がありますか。これは，実際のデータを分かりやすくするために簡単にしたものです。よく見られる誤りの1つです。

**例6－4**　牛乳，乳製品摂取量

| | 朝　食 | | 夕　食 | |
|---|---|---|---|---|
| | $\bar{x}$ | $s_x$ | $\bar{x}$ | $s_x$ |
| 牛　乳 | 50 g | 100 g | 30 g | 80 g |
| 乳製品 | 20 | 40 | 15 | 30 |

正規分布を仮定するとしてこれをグラフに描いてみましょう。牛乳を例にとると－1標準偏差が－50 gという，存在しえない値になります。0 g以下が30％以上も存在するという矛盾が出てきます（図6—2）。どうしてこんなことになるかというと，このデータは正規分布していないからなのです。牛乳摂取量は図6－3のような形の分布を示します。このように正規分布しない変数の平均や標準偏差を計算することはナンセンスなのです。

この例からも分かるように平均よりも大きな標準偏差があったらそのデータの分布をよく調べなくてはいけません。

図6－2　牛乳の摂取量の平均，標準偏差の矛盾

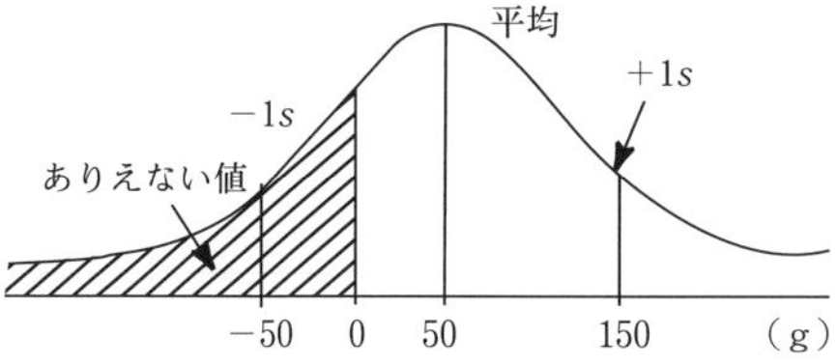


図6－3　実際の牛乳摂取量分布のイメージ

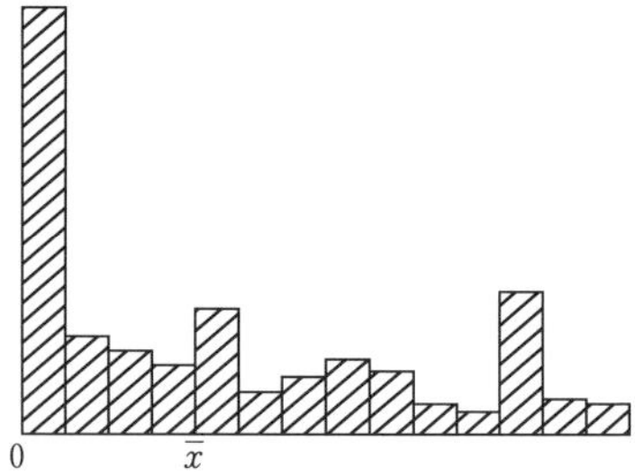


## 5 変動係数―個人差の計算法―

$$変動係数（cv）= \frac{s_x}{\bar{x}} \times 100 \quad \cdots\cdots\cdots\cdots\cdots\cdots（6.5式）$$

標準偏差を平均で割ったらどうなるでしょうか。そんなことをして意味があるのでしょうか。

例6－5

| | 平均値 | 標準偏差 |
|---|---|---|
| 身　長 | 160㎝ | 6.5㎝ |
| 体　重 | 50kg | 3.0kg |

このデータ例では身長，体重いずれのデータのバラツキが大きいでしょうか。単純には標準偏差を見て，身長（6.5）＞体重（3.0）ですから身長のバラツキの方が大きいと判断してしまいそうです。それでは

例6－6

| | 平均値 | 標準偏差 |
|---|---|---|
| 身　長 | 160㎝ | 6.5㎝ |
| 体　重 | 50,000 g | 3,000 g |

としたらどうでしょう。身長（6.5）＜体重（3,000）ですから体重のバラツキが大きいと言えるでしょうか。体重の単位を（kg）から（g）にしただけでバラツキの大小関係が逆になったのでは困ります。つまり，単位の違った項目のバラツキを比較するのには，単位の影響を取り除いてやらねばなりません。そこで変動係数を利用する必要が生じます。

このデータ例で変動係数を求めてみると，

$$(\text{身長})\ cv = 6.5 \div 160 \times 100 = 4.06$$

$$(\text{体重})\ cv = 3.0 \div 50 \times 100 = 6.00$$

となって体重の方がよりバラツキが大きいと言えます。

では次の場合はいかがでしょう。

**例６－７**

| | 体重の平均値 | 標準偏差 | 変動係数 |
|---|---|---|---|
| １年生（男子） | 21.1kg | 3.01kg | |
| ３年生（男子） | 26.3 | 4.30 | |
| ６年生（男子） | 36.4 | 7.12 | |

このデータ例からは学年とともにバラツキが大きくなっていく傾向が分かります。単位は同じでも平均値そのものが大きくなり，それに伴って標準偏差も大きくなっていく時などにも，年齢ごとのバラツキを比較するのに変動係数を用いると便利です。

### （参考）　分布の歪み

分布のチラバリの程度を測る測度のほかに，分布の歪みや尖(とが)り具合を測る指標も考えられています。例えば図６－４と図６－５のように，様々な歪みと尖りぐあいを視覚的に把握するだけでなく，数量的に表現する測度として歪度(わいど)と尖度(せんど)があります。

**図６－４**　歪度の異なる分布

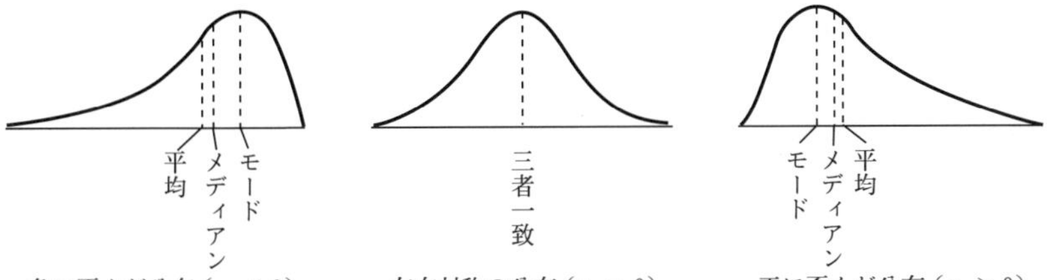


負に歪んだ分布（$\alpha_3 < 0$）　左右対称の分布（$\alpha_3 = 0$）　正に歪んだ分布（$\alpha_3 > 0$）

図6－5　尖度の異なる分布

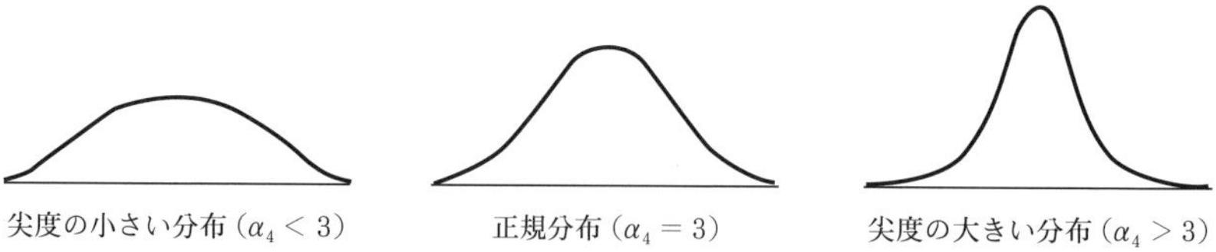


非対称度として間隔尺度以上のデータでは歪度（$\alpha_3$），尖度（$\alpha_4$）を用います。

$$\alpha_3\text{（歪度）} = \frac{1}{n}\Sigma\left(\frac{x-\bar{x}}{s_x}\right)^3 = \left(\frac{\text{各測定値}-\text{平均}}{\text{標準偏差}}\right)^3\text{の平均}$$

$$\alpha_4\text{（尖度）} = \frac{1}{n}\Sigma\left(\frac{x-\bar{x}}{s_x}\right)^4 = \left(\frac{\text{各測定値}-\text{平均}}{\text{標準偏差}}\right)^4\text{の平均}$$

順序尺度以上の場合には四分位歪度とパーセンタイル尖度が利用できます。

$$\text{四分位歪度}(Q_s) = \frac{\text{（第３四分位－メディアン）－（メディアン－第１四分位数）}}{\text{四分位レンジ}}$$

$$= \frac{Q3-2Me+Q1}{Q3-Q1} \quad \cdots\cdots\text{(6.6式)}$$

$$\text{パーセンタイル尖度}(Q_k) = \frac{\text{四分位偏差}}{\text{90\%と10\%の範囲}} = \frac{Q}{P_{90}-P_{10}} \quad \cdots\cdots\text{(6.7式)}$$

〔問題６－１〕

Ａ君の７日間の携帯電話の着信数は以下のようでした。この時の平均と標準偏差，歪度，尖度を求めなさい。

11　8　4　9　10　13　6

〔問題６－２〕

クラス15名の体重は以下のようでした。平均，分散と標準偏差を求めなさい。

50　39　45　51　46　48　49　54
47　44　40　50　44　48　45

# 第７章　正規分布と偏差値

## 1 正規分布

正規分布とは図７－１のような形をした左右対称の度数曲線を持つ分布のことを言います。この分布を別称ガウス分布とか誤差分布と呼ぶこともあります。その理由は，19世紀のドイツの数学者ガウスが三角測量の結果を研究しているうちに測定誤差の分布が正規分布になることを見いだしたからだと言われています。様々な自然現象や社会現象を大量観察してゆくと正規分布することが分かっています。

図７－１　正規曲線（分布）

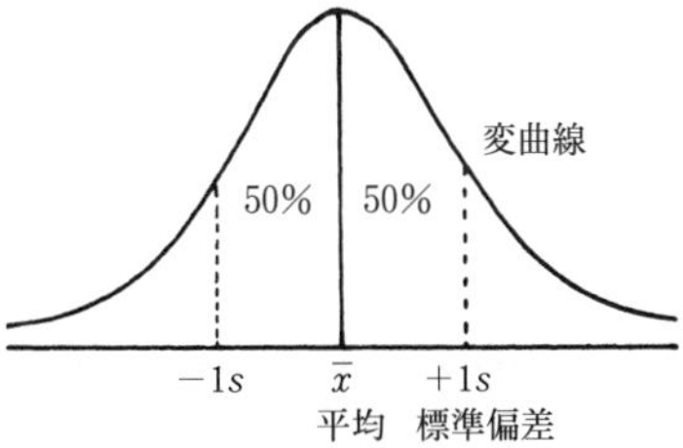


正規曲線（分布）のもとでは，モード（*Mo*），メディアン（*Me*），平均（$\bar{x}$）は一致します。したがってこれらの代表値の左右には全体の50％ずつの観測値が含まれます。

標準偏差の利用性の重要な点は，正規分布をしたデータのチラバリを比較することにあります。

標準偏差は平均からどの程度観測値が離れているか，チラバリを持っているかを示す尺度です。

図７－２は，Ａさんの身長を１日に何回も計測した値の５日分をまとめたものです。このような正規分布の形をしているデータのチラバリ具合を，標準偏差（$\sigma$，シグマあるいは$s$）という尺度で測ります。もし標準偏差が2.6㎜という値

**図７－２**　Ａさんの５日間の身長の計測値（㎝）

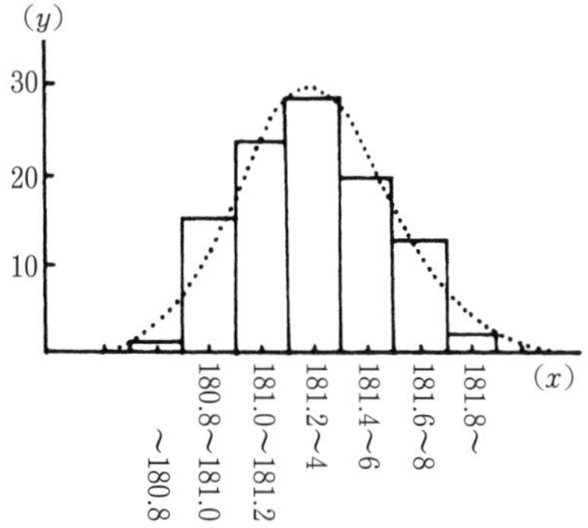


だったとすると，この2.6（㎜）を１標準偏差（１ $\sigma$ あるいは１ $s$）とします。ここで $2\sigma$ なら2.6×２＝5.2（㎜），３ $\sigma$ なら2.6×３＝7.8（㎜）ということになります。もちろん，0.5 $\sigma$ とか1.96 $\sigma$ という測り方もします。正規分布は

$$y = \frac{1}{\sqrt{2\pi} \cdot \sigma} \cdot e^{-\frac{(x_i-\mu)^2}{2\sigma^2}} \quad \cdots\cdots\cdots\cdots\cdots\cdots\cdots\text{(7.1式)}$$

$\pi$ ＝3.14……　$e$ ＝自然対数の底　$x$ ＝変数値　$\mu$ ＝母平均　$\sigma$ ＝母標準偏差

という函数の形をしています。この式では平均（$\overline{x}$）(注)と標準偏差（$\sigma$ または $s$）が与えられれば $y$ は決まってしまいます。つまり正規分布では平均と標準偏差を示すだけで $y$ を求めるのに十分であることになります。ところが身長の平均と言っても，出生直後の赤ちゃんと小学生では同じ正規分布をしていても値が異なります。まして，体重や胸囲といったら計測単位も違ってきます。つまり，正規分布の形は同じでも，単位や平均や標準偏差の大きさがそれぞれの状況によって異なっています。これでは，統一的にバラツキの程度を測るモノサシとしては不便ですから，まず平均とそれぞれのデータとの偏差を求めます。

$$d_i = x_i - \overline{x}$$

これで赤ちゃんも小学生も新たに計算された $d$ の平均 $\overline{d}$ は０になります。このようにしてそれぞれの集団における $\overline{x}$ の大きさを統一することができます。

---

注：一般に $\mu$，$\sigma$ は母集団における平均，標準偏差を意味しますが，ここでは混乱を避けるために $\overline{x}$，$s$ を用いることにします。

次に，赤ちゃんの分布のバラツキ（$s$），と小学生のバラツキ（$s$）は異なるのが普通ですので，$\bar{x}$ と同様にこれも統一することを考えます。$s$ を統一すれば正規分布の広がり（バラツキ）が統一されます。

$$z_i = \frac{d_i}{s} = \frac{x_i - \bar{x}}{s} \quad \cdots\cdots\cdots\cdots\cdots\cdots\cdots\cdots (7.2式)$$

この操作を**標準化**と言います。この $z_i$ についての分布を作ると図7－3のような $\bar{z} = 0.0,\ s_z = \pm 1.0$ の正規分布となります。こうしてすべてのデータを標準化することによって，平均を0.0，標準偏差を ±1.0 に変換できます。この分布を**標準正規分布**と呼びます。標準正規分布は1つしかありませんのでこれを数値化しておくと正規分布している多種，異質な集団を比較したりまた確率計算したりする時に役立ちます（巻末に便利な標準正規分布表を示してあります）。

**図7－3　標準化と正規分布**

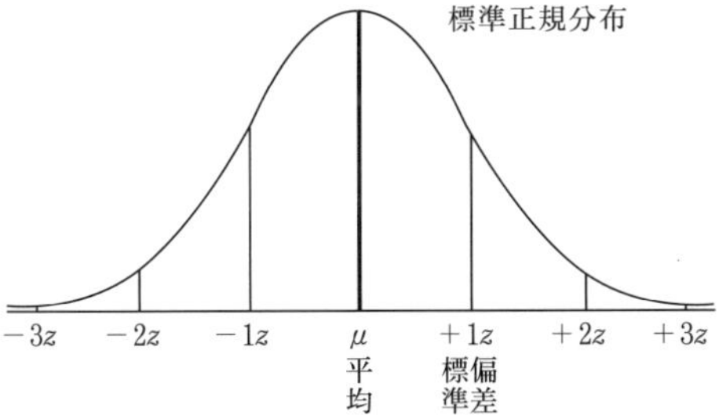


## 2 正規分布表

正規分布表は付表2（巻末）に示されています。ここでは $z$ の値が大きくなる

**図7－4　正規分布と標準偏差**

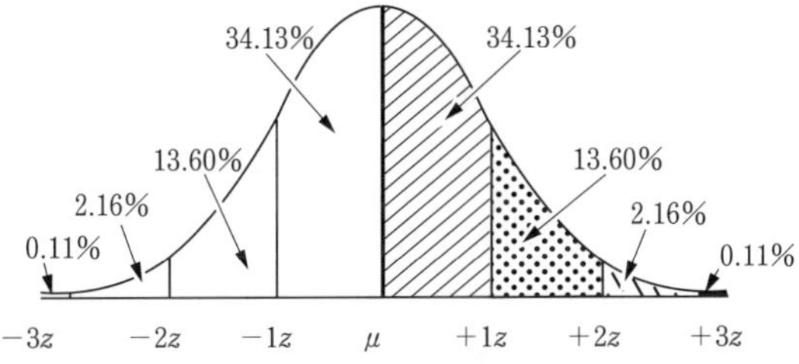


注意：各数字はおのおのの部分の面積の割合を示している

にしたがって確率（0と$z$の間の面積）も大きくなっています。正規分布は左右対称の形をしていますから，**正規分布表には右側半分の確率を示しています。** 1 $z$では0.3413つまり平均と1標準偏差の間には34.13％の観測値が含まれるという意味が示されています。ということは，1標準偏差以上には50－34.13＝15.87％が存在することを意味するわけです（図7－4）。

〔問題7－1〕

200人の学生全体の体重が平均55kg，標準偏差5kgだったとします。ただし体重は正規分布しているものとします。

(1) 50kg以下の学生は何人いると考えられますか。

手順 ① まず50kgが平均からどれだけ離れているかを求めます。

$$z = \frac{(x - \bar{x})}{s} = \boxed{\frac{(\quad - \quad)}{\quad}} = -1.0$$

② したがって －1.0$z$ 以下の確率を正規分布表から求めますと $\boxed{\quad}$ ％です。

③ そこで $\boxed{\quad}$（人）×0.1587＝31.74（人）が得られます。

〔問題7－2〕

ある講義の1年間の欠席回数を調査したところ，240人の平均が4.1回，標準偏差3.0回でした。1年間に30回講義がありますが，10回以上欠席した人は学年末考査を受ける資格を失います。そのような人は何％，何人いますか（欠席回数は仮に正規分布しているとします）。

## 3 偏差値

**偏差値**と聞くとおおむねあまり良い感じを受けないのはどうしてでしょうか。学力などを測定する単なる尺度にすぎないのに偏差値のイメージは「能力差別化」「詰め込み主義」というような状況を象徴したものになっているようです。本当に偏差値は諸悪の根源なのでしょうか。しかし，これにはかなりの誤解があるようです。まずは偏差値の正しい意味を知ってほしいものです。

そこで次の例を考えてみましょう。

〔例7－1〕

Y君は学校での成績はクラスで上位にあります。そろそろ高校受験の準備をしようと思い，AとB 2つの予備校の入校テストを受けました。A予備校には偏差値60で合格しましたが，B予備校では偏差値50で不合格でした。こんなにY君の学力は不安定なのでしょうか。

Y君の能力が不安定であるとは結論づけられません。なぜならA予備校のテストを受けた生徒の学力がB予備校のそれより低ければ，また，その平均点の差が10点ぐらいなら上記のような偏差値が得られるかもしれません（図7－5）。

**図7－5　集団の違いが $z$ 得点に与える影響**

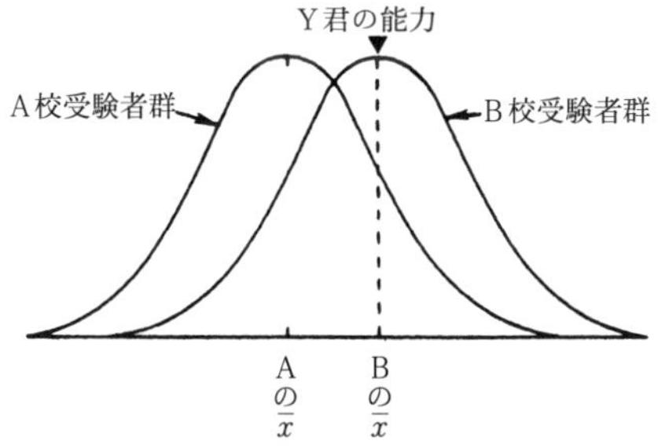


〔例7－2〕

T大学を受験するに当たってN君は社会科のうちで地理を不得意とします。T大学は特に地理が易しく，平均点が60点を超えるのに対して，他の科目は平均点40点程度です。あれこれ作戦を立てましたが，地理で受験することにしました。その主たる理由は，過去5か年間の問題のすべてを解いてみた結果として，地理なら50点は取れるのに対して，他教科では40点くらいしか見込めないことが分かったからです。これは正しい判断でしょうか。

この作戦の成功，不成功はT大学が科目間の得点調整をするか否かにかかっています。T大学がもし偏差値によって科目間調整をするのでしたら（これが最も適当な方法ですが），地理で受けることは大失敗ということになります。反対に科目間の得点調整をしなければ，地理で受けるべきでしょう。いずれにしても平均点で20点も科目間格差があるというのはテスト問題としては不適切です。

以上の２例は偏差値の特徴をよく示しているものですし，また，しばしば勘違いされるところです。

既に学んだように，偏差値はそのデータが属する集団の位置とそのバラツキの広がりの中で初めて意味を持ちます。いくら100点でも，全員が100点（平均点100点，標準偏差０）なら比較しようがありません。平均点が国語50点，数学50点で等しいと言っても標準偏差がそれぞれ10点，30点だったならば同じ60点でも，国語の60点は数学の60点よりずっと良い成績であると言えます。

偏差値はこうした比較を簡単にするための方法です。そのために，データが属する集団の中での相対的位置づけを合理的に行う必要があります。そこで，**標準化**した得点（$z$得点）を利用するわけです。ある１つの得点（$x$）の**標準得点**（**$z$得点**）は前述したように，

$$z=\frac{(x-\bar{x})}{s}$$ で得られます。

〔例７－３〕

平均点が70点，標準偏差が10点の時，Ａ，Ｂ，Ｃ３名の模擬テストデータがＡ君80点，Ｂ君70点，Ｃ君60点であった時のそれぞれの$z$得点を求めてみましょう。

$$\text{Aの}z\text{得点}=\frac{(80-70)}{10}=1.0$$

$$\text{Bの}z\text{得点}=\frac{(70-70)}{10}=0.0$$

ということになります。３名の標準得点を正規分布のもとで図示すると図７－６のように，Ａ君の得点がＢ君の得点より１$z$も高いところに位置しています。

次にＣ君の成績は

$$\text{Cの}z\text{得点}=\frac{(60-70)}{10}=-1.0$$

となります。このＣ得点とＡ得点には２点の隔たりがあります。

**図７－６**　３名の $z$ 得点の位置

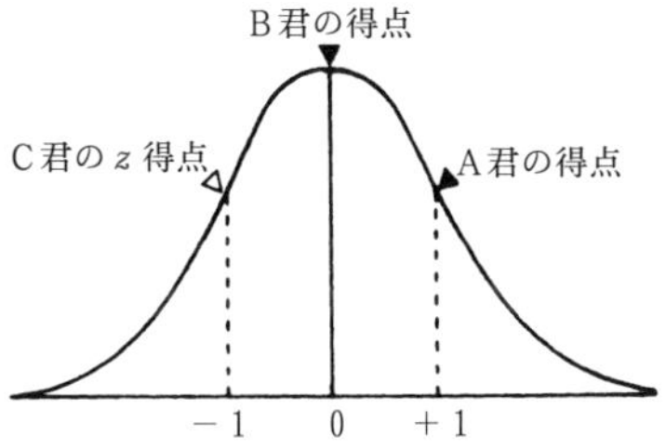


$z$ 得点では平均点以下の人は（C君の得点が－１点だったように）負符号を持った評価点となります。

「マイナス」という評価は受け取る側には相対的に平均点以下というほかに「劣等的イメージ」を強く与えます。そのために人間を評価する尺度としては適当ではないという批判が出てきます。そこで，「マイナス評価」を与えないようにするために50点を加え，標準偏差も少し広げて10倍にした得点「偏差値」を次のように定義します。

$$偏差値(T) = 10z + 50 = 10\frac{(x_i - \bar{x})}{s} + 50$$

A君とB君のテスト得点を偏差値に変換してみましょう。

$$T_A = 10 \times 1 + 50 = 60 \text{（点）}$$

$$T_B = 10 \times 0 + 50 = 50 \text{（点）}$$

となります。これらの関係は図７－７に示しました。

**〔問題７－３〕**

平均65点，標準偏差15点の数学のテストがあった時，O君は59点，K君は84点でした。O君，K君の偏差値を計算してください。

**〔問題７－４〕**

K君より上位の得点をした人は全体の何％いますか。正規分布表を利用して求めてください。

**〔問題７－５〕**

身長の全校平均は170㎝，標準偏差が３㎝だった場合に，S君は174㎝でした。全校生徒が1,000人としてS君より背の高い人は何人いると計算されますか。

**図７－７　正規分布と変換値**

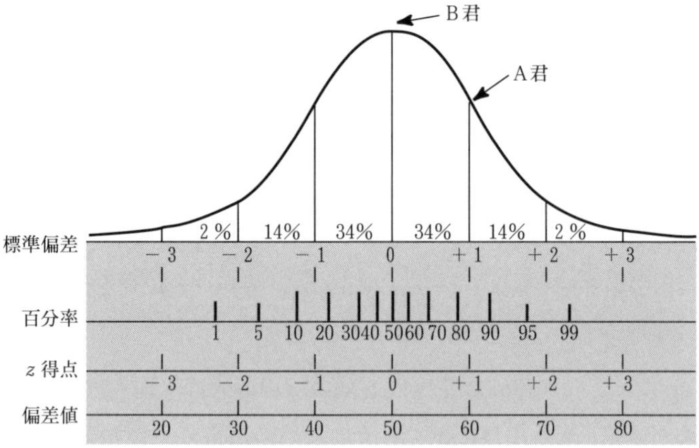


**〔問題７－６〕**

16人の統計学のテスト成績が次のような結果でした。この時のＴ君の偏差値を求めなさい。

| | | |
|---|---|---|
| 61点 | 66 | |
| 75 | 38 | |
| 70 | 45 | |
| 58 | 66 | |
| 45 | 48 | |
| 90 | 82 | |
| 63 | 77 | |
| 81 | 69 | （Ｔ君の成績） |

**◇正規分布の発見（ドゥ・モアブルとケトレー）◇**

正規分布はフランス人ドゥ・モアブル（1667～1754）によって発見されました。彼はハレー彗星の発見者として有名なハレーの推薦で，英国王立協会会員となりますが，1718年，尊敬していたニュートンへの献辞をつけて“The Doctrine of Chance”（偶然性の原理）を書いた後に，第２版を1738年に著し，「二項定理の各項の和の近似値を求める方法」という論文を付録としてつけます。この付録こそが正規分布に到達した最初の論文です。読者は高等学校で**二項分布**について学習したと思いますが，この分布の $n$（試行回数）を５，６，…30と増やしてゆくと徐々に正規分布のようになってゆきます。今，二項分布において，コインの表（裏）の出現確率を $p = 0.5$ として，試行回数（$n$）を徐々に増やしてゆくと図7－8のようになります。$n = 20$ あたりからグラフのように左右対称の分布形になっています。さらに $n$ を無限大にしますと正規分布に収束します。

**図7－8　$n$ の変化と二項分布**

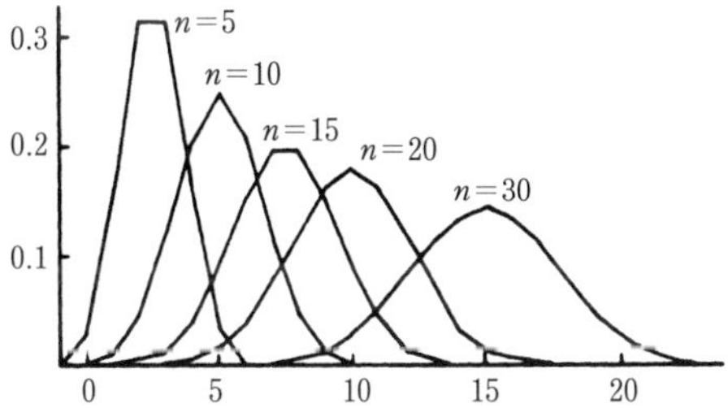


正規分布が二項分布の極限として与えられることを示す定理を**ラプラス－ドゥ・モアブルの定理**と呼んでいます。そして，さらに二項分布に従わない確率変数の時でも，相互に独立な $n$ 個の確率変数 $x_1$, $x_2$……$x_n$ の和 $y_n(= x_1 + x_2 + \cdots + x_n)$ において $n$ を大きくすると $y_n$ が正規分布に近づいていくことが明らかにされています。これは**中心極限定理**と言って重要な定理です。この定理から，調査などで得られたある項目の分布がどんな分布であろうと，そのデータが無作為標本なら，その項目の得点の和や平均値は正規分布に従うものとして分析を行ってよろしい……と理解されています。

正規分布が分析の前提となる統計手法はたくさんありますが，中心極限定理は分析をする立場に絶大な支援を与えているのです。

ラプラス－ドゥ・モアブルの定理として正規分布が発見されたと言っても，それは単に確率論上の話でした。ところが，このような形をした分布が実際に存在することがケトレーによって示されました。彼が著した『人間について』と題する重要著作は，近代統計学の出発点になりました。ケトレーは1796年ベルギーのガンに生まれ，ナポレオンの台頭と没落の動乱時代に育ちました。数学的能力が抜群でしたので幾何学で学位を取り，後にパリでラプラス，ポアソン，フーリエに学び1833年にはブラッセル天文台長として天文学や気象学の業績を残します。統計学の論文は1826年ごろから発表され，以降彼は統計制度の整備や統計調査を企画実施したほか，国際統計会議を創設しました。ケトレーは，「近代統計学の父」と言えます。

図7－9はケトレーが見いだした正規分布に近いスコットランド兵士の胸囲の分布です。同時にケトレーによって身長や体重，握力についても正規分布することが示されました。彼はこの分布の中心に平均＝平均人を考え，これを集団の中の真値と仮定します。そして平均人からのバラツキとして正規分布が得られると考えました。さらに身体的側面を越えて知的，道徳的特徴までもが正規分布に従うと主張するようになるのです。彼

はモノの本質は多数回，大量の観測結果から得られる正規分布とその平均から知りうると考えたのです。この立場は正規分布万能主義とも言えますが，ここに統計学の出発点の１つがあります。

**図７－９　スコットランド兵士の胸囲の度数分布**

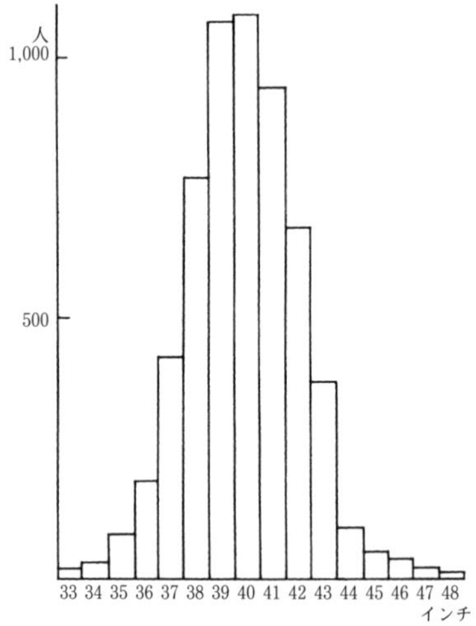


（Quetelet, *Letters*, p.276.より）

# 第8章　関係の強さ

## 1 相関グラフ

「身長と体重」などのように，2つの変数が相互に関係していることを「相関関係がある」と言います。社会現象，自然現象の中にはこうした相関関係が数多く見られます。相関関係の強さの程度を測る尺度として相関係数があります。

相関係数は2変数間の関係の強さを測る上で線型性あるいは直線性という性質が変数間にあることを前提にしています。図8－1の(a)は8個の点が左下から右上にかけて1本の直線上にあり，$x$ の増加に $y$ の増加が完全に対応していますので「正の**完全相関**がある」と言います。この例のように完全に直線の上に乗っている場合の相関係数（$r$）を1.0であるとします。一方，図の(b)は「負の完全相関がある」と言って，$r=-1.0$ と表現します。現実にはこのような完全な相関はまれにしか見られません。図の(c)は「正のやや強い相関」，図の(d)は「負のやや強い相関」の例です。図の(e)は $x$ と $y$ がなんら対応関係を持たない**無相関**な状態を示しています。無相関を $r=0.00$ と表現します。ところが曲線関係はあるが無相関という場合もあります（図の(f)）。これは相関係数が2変数間の直線的な関係を測る尺度であることに原因があります。したがって図の(f)のような相互関係は相関係数で評価すると不当に低いものとなります。これを避けるにはできるだけ図の(a)から(e)のような相関グラフを描いてみることです。

相関係数が取りうる範囲は $+1$ と $-1$ の間（$-1.00 \leqq r \leqq +1.00$）にあります。

## 2 相関係数の計算

相関係数は一対になっている $x$ と $y$ という変数が $n$ 組みあった時の $x$ と $y$ の関係の強さを表現します。

今，次のようなデータがあるとします。

**図 8 − 1　いろいろな相関グラフ**

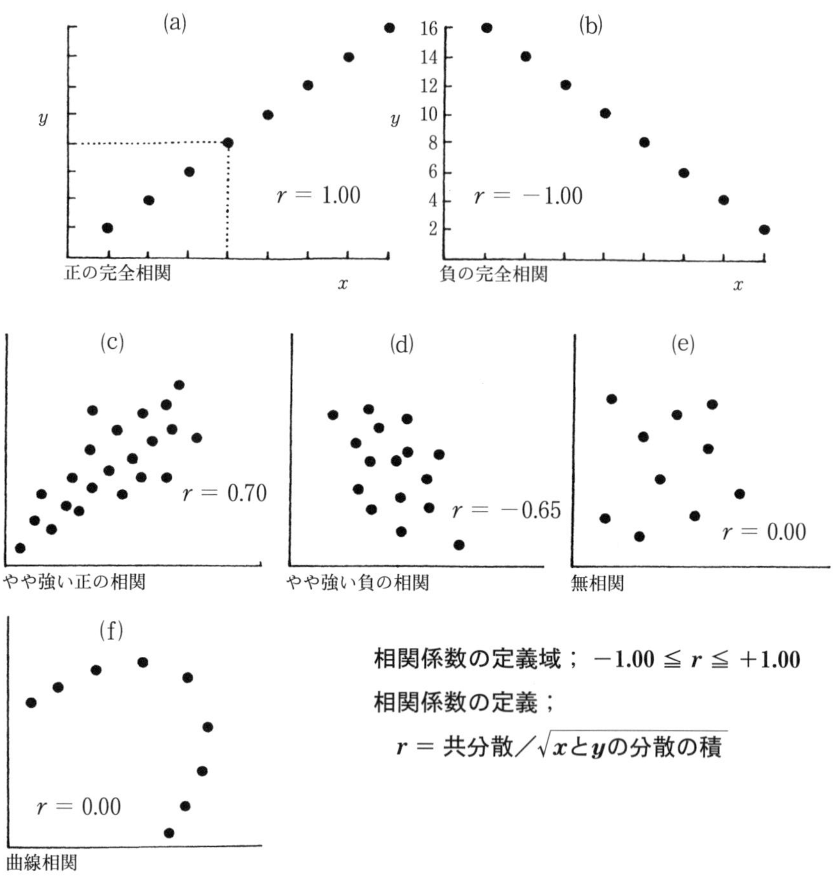


**相関係数の定義域；$-1.00 \leqq r \leqq +1.00$**

**相関係数の定義；**

$$r = 共分散／\sqrt{x と y の分散の積}$$

1 番目の人のデータ $\begin{cases} x_1 \\ y_1 \end{cases}$　　2 番目の人のデータ $\begin{cases} x_2 \\ y_2 \end{cases}$ …

$i$ 番目の人のデータ $\begin{cases} x_i \\ y_i \end{cases}$ …　　$n$ 番目の人のデータ $\begin{cases} x_n \\ y_n \end{cases}$

$x$ と $y$ の平均を $\bar{x}$ と $\bar{y}$ とすると，偏差は

$$\begin{cases}x_1-\bar{x}\\y_1-\bar{y}\end{cases}\quad\begin{cases}x_2-\bar{x}\\y_2-\bar{y}\end{cases}\cdots\begin{cases}x_i-\bar{x}\\y_i-\bar{y}\end{cases}\cdots\begin{cases}x_n-\bar{x}\\y_n-\bar{y}\end{cases}$$

です。そこで，ペアごとに $x$ と $y$ の偏差の積を求めると

$(x_1-\bar{x})(y_1-\bar{y})$，$(x_2-\bar{x})(y_2-\bar{y})$，$\cdots(x_i-\bar{x})(y_i-\bar{y})$，$\cdots(x_n-\bar{x})(y_n-\bar{y})$，

となります。続いてさらにこの平均を求めます。

$$Cov(xy)=\{(x_1-\bar{x})(y_1-\bar{y})+(x_2-\bar{x})(y_2-\bar{y})+\cdots(x_i-\bar{x})(y_i-\bar{y})+\cdots(x_n-\bar{x})(y_n-\bar{y})\}/n$$

……(8.1式)

これは共分散（covariance）と言います。

$$\textbf{共分散}\,Cov(xy)=\frac{1}{n}\Sigma(x_i-\bar{x})(y_i-\bar{y})\quad(i=1,\ 2\cdots i\cdots n)$$ …(8.2式)

とも書けます。この式は共分散が，$x$ と $y$ のそれぞれの**偏差の積の平均**であることを意味しています。**共分散** $=\dfrac{(x\text{の偏差}\times y\text{の偏差})\text{の合計}}{\text{ペアの数}}$ は $x$ と $y$ の関係の強さを示す手がかりを与える統計量で，変数 $x$ と $y$ が共に変動する程度を測るモノサシの1つです。

**〔例8－1〕**

$x$ と $y$ がそれぞれ次のような値であった時の共分散を計算してみましょう。

| | A君 | B君 | C君 | D君 | E君 |
|---|---|---|---|---|---|
| $x$ | 4 | 6 | 9 | 11 | 12 |
| $y$ | 8 | 10 | 12 | 10 | 11 |

①　まず $\bar{x}, \bar{y}$ を計算します。

$$\bar{x}=(4+6+9+11+12)/5=8.4$$

$$\bar{y}=(8+10+12+10+11)/5=10.2$$

続いて，(8.2式）で共分散 $Cov(xy)$ を計算します。

②　$\Sigma(x_i-\bar{x})(y_i-\bar{y})/n$

$$Cov(xy) = \{(4-8.4)(8-10.2)+(6-8.4)(10-10.2)+(9-8.4)(12-10.2)+(11-8.4)(10-10.2)+(12-8.4)(11-10.2)\}/5 = 2.72$$

この計算は次の式を用いるとずっと簡単になります。

$$\boldsymbol{Cov(xy) = \frac{\Sigma xy}{n} - \bar{x} \cdot \bar{y}} \quad \cdots\cdots\cdots\cdots\cdots\cdots(8.3式)$$

さらに計算表を作りましょう。

| | $x$ | $y$ | $xy$ |
|---|---|---|---|
| | 4 | 8 | 32 |
| | 6 | 10 | 60 |
| | 9 | 12 | 108 |
| | 11 | 10 | 110 |
| | 12 | 11 | 132 |
| $\Sigma$ | 42 | 51 | 442 |
| $\Sigma/n$ | 8.4 | 10.2 | 88.4 |

この式を使って例題をもう一度計算してみます。

① $\bar{x} \times \bar{y} = 8.4 \times 10.2 = 85.68$

② $Cov(xy) = 88.4 - 85.68 = 2.72$

共分散はこのようにして求めることができました。しかし，$x$ と $y$ が共に変動する尺度としては，実はこのままでは十分ではないのです。そこで今度は次の例を計算してみましょう。

**〔例 8 － 2〕**

前例のデータを10倍した値の共分散を求めてみましょう。

| | $x$ | $y$ | $xy$ |
|---|---|---|---|
| A君 | 40 | 80 | 3,200 |
| B君 | 60 | 100 | 6,000 |
| C君 | 90 | 120 | 10,800 |
| D君 | 110 | 100 | 11,000 |
| E君 | 120 | 110 | 13,200 |
| $\Sigma$ | 420 | 510 | 44,200 |
| $\Sigma/n$ | 84 | 102 | 8,840 |

ここでは計算表を使って8.3式で計算してみましょう。

$$Cov(xy) = \frac{\Sigma xy}{n} - \bar{x} \cdot \bar{y} = \frac{44{,}200}{5} - 84 \times 102 = 272$$

例 8 － 1 の $Cov(xy)$ は2.72でしたが，元のデータを10倍した時の $Cov(xy)$ はこのように272と，2.72の100倍になっていました。

これで共分散がデータのケタ数によって変動することが理解できたと思います。これでは相関のモノサシとしては不都合です。身長1.5mとした時と150㎝とした時で相関の程度がその度ごとに変動してしまうのは困ります。そこで，共分散を $x$ と $y$ のそれぞれの標準偏差で割算した値をもって相関係数を定義すれば不都合を解消できます。**相関係数**（$r$）またはピアソンの積率相関係数は次式で計算します。

$$\boldsymbol{r} = \frac{\dfrac{\Sigma(x_i - \bar{x})(y_i - \bar{y})}{n}}{\sqrt{\dfrac{\Sigma(x_i - \bar{x})^2}{n} \cdot \dfrac{\Sigma(y_i - \bar{y})^2}{n}}} \quad \cdots\cdots\cdots\cdots\cdots (8.4式)$$

ここで分母は $x$ と $y$ の標準偏差，分子は $x$ と $y$ の共分散ですから

$$r = \frac{Cov(xy)}{s_x \cdot s_y} \quad \cdots\cdots\cdots\cdots\cdots\cdots\cdots\cdots\cdots (8.5式)$$

ということです。実際に計算する上では

$$\boldsymbol{r} = \frac{\dfrac{\Sigma xy}{n} - \bar{x} \cdot \bar{y}}{\sqrt{\dfrac{\Sigma x^2 - \dfrac{(\Sigma x)^2}{n}}{n} \cdot \dfrac{\Sigma y^2 - \dfrac{(\Sigma y)^2}{n}}{n}}} \quad \cdots\cdots\cdots (8.6式)$$

を用いるようにしましょう。計算誤差も少なくてすみます。

① まず，次頁のような計算表を作ります。

② 空欄に数字を埋めてみましょう。$\Sigma$ は列のデータの合計，$\Sigma/n$ はその列の合計を $n$ で除した値，$xy$ は $x$ と $y$ の積，$x^2$, $y^2$ はそれぞれのデータの 2 乗値を示します。

| | $x$ | $y$ | $xy$ | $x^2$ | $y^2$ |
|---|---|---|---|---|---|
| | 4 | 5 | 20 | 16 | 25 |
| | 6 | 6 | 36 | 36 | 36 |
| | 8 | 7 | 56 | 64 | 49 |
| $\Sigma$ | 18 | 18 | 112 | 116 | 110 |
| $\Sigma/n$ | 6 | 6 | 37.3 | 38.7 | 36.7 |

③　相関係数 $r$ は $r=\dfrac{Cov(xy)}{\sqrt{s_x{}^2\cdot s_y{}^2}}$ でした。まず，分子を計算します。

$$Cov(xy)=\frac{\Sigma xy}{n}-\bar{x}\cdot\bar{y}$$

ですから，表から読み取って

$$Cov(xy)=37.3-6\times 6=1.3$$

④　次に分母の $s_x{}^2$，$s_y{}^2$ は同様に8.6式を用いて

$$s_x{}^2=\frac{\Sigma x^2-\dfrac{(\Sigma x)^2}{n}}{n}=\frac{\square-\dfrac{(\square)^2}{\square}}{\square}=\square$$

$$s_y{}^2=\frac{\Sigma y^2-\dfrac{(\Sigma y)^2}{n}}{n}=\frac{\square-\dfrac{(\square)^2}{\square}}{\square}=\square$$

⑤　相関係数 $r$ は

$$r=\frac{\square}{\sqrt{\square\times\square}}=0.97$$

〔問題８－１〕

次に示すデータは各国の「たんぱく質」と「脂質」の１日１人当たり供給量です。２変数間の相関係数を計算しなさい。

| | たんぱく質（g） | 脂　質（g） |
|---|---|---|
| アメリカ | 114.7 | 155.3 |
| カナダ | 104.8 | 148.4 |
| ドイツ | 100.3 | 141.9 |
| フランス | 117.2 | 168.3 |
| 英国 | 105.5 | 134.7 |
| 日本 | 84.5 | 83.6 |

（農林水産省，諸外国の国民1人・1日当たり供給栄養量（2007）（試算）より作製）

〔問題8－2〕

次のデータは世界の男女別平均寿命を示したものです。両変数間の相関係数を求めなさい。

表8－1　平均寿命の国際比較（単位　年）

| | 男 | 女 | | 男 | 女 |
|---|---|---|---|---|---|
| 日本（2009） | 79.6 | 86.4 | スウェーデン（2009） | 79.4 | 83.4 |
| イスラエル（2008） | 79.1 | 83.0 | チェコ（2009） | 74.2 | 80.1 |
| インド（2002～2006） | 62.6 | 64.2 | ドイツ（2006～2008） | 77.2 | 82.4 |
| 韓国（2008） | 76.5 | 83.3 | ノルウェー（2009） | 78.6 | 83.1 |
| シンガポール（2009） | 79.0 | 83.7 | フランス（2009） | 77.8 | 84.5 |
| タイ（2005～2006） | 69.9 | 77.6 | ロシア（2007） | 61.4 | 73.9 |
| 中国（2000） | 69.6 | 73.3 | アメリカ合衆国（2007） | 75.4 | 80.4 |

（厚生労働省，平成21年簡易生命表より作製）

## 3 順位相関係数

相関係数は間隔尺度か比例尺度のデータが正規分布しているという条件がなければ計算しても意義が乏しいものです。ここでは順序尺度のデータや正規分布をしていないデータの場合に，2変数の関係を測る方法を説明しましょう。

分布に関係なく相関を求める方法として順位相関係数またはスピアマンの順位相関係数があります。この方法は値の大小関係に依存したものですから，データに順序をつけることがまず必要です。そして順序づけられた2つの変数間の各対の順位の差が相関の強弱を決めます。

順位相関係数（$r_s$）は次式で定義されます。

$$\boldsymbol{r_s = 1 - \frac{6\Sigma d_i^{\ 2}}{n(n^2-1)}} \cdots\cdots\cdots\cdots\cdots\cdots\text{(8.7式)}$$

$$d_i = x_i - y_i$$

ここで $d$ は変数 $x$ の順位と変数 $y$ の順位との各対における差を意味します。

$$r_s = 1 - \frac{6\times(\text{順位の差})^2\text{の合計}}{\text{データ数}(\text{データ数}^2-1)}$$

〔例８－３〕

入社試験に際して５人の受験者を２人の試験員が１位から５位まで順位をつけて採点しました。この時２人の採点結果はどの程度一致しているかを順位相関係数によって評価してみましょう。

| | 試験員 $x$ | 試験員 $y$ | $d$ | $d^2$ |
|---|---|---|---|---|
| A君 | 1位 | 1位 | 0 | 0 |
| B | 4 | 5 | −1 | 1 |
| C | 2 | 3 | −1 | 1 |
| D | 3 | 2 | 1 | 1 |
| E | 5 | 4 | 1 | 1 |
| Σ | | | | 4 |

―計算の手順―

① 対応するデータ $x$ と $y$ の差（$d$）を求め，２乗します（$d^2$）

② $d^2$ を合計します。$\Sigma d^2 = 4.0$

③ $r_s$ を計算します。$r_s = 1 - \dfrac{6\times 4}{5(5^2-1)} = 0.8$

となります。

〔問題８－３〕

10人の従業員について社内研修時間と営業成績の得点が次のように与えられています。２つの変数間の順位相関係数を求めてください。

| 従業員 | A | B | C | D | E | F | G | H | I | J |
|---|---|---|---|---|---|---|---|---|---|---|
| 研修時間 | 63 | 42 | 21 | 10 | 16.5 | 35 | 23 | 20 | 15 | 50 |
| 営業時間 | 55 | 69 | 45 | 38 | 47 | 76 | 64 | 50 | 9 | 73 |

## 4 さまざまな相関係数

このほかにも相関関係を表すさまざまな係数が考えられています。ここでは一覧表にしてみました。

①　２×２分割表がある時の相関関係

| | | $x$ | | |
|---|---|---|---|---|
| | | $x_1$ | $x_2$ | 計 |
| $y$ | $y_1$ | $a$ | $b$ | $m_1$ |
| | $y_2$ | $c$ | $d$ | $m_2$ |
| | 計 | $n_1$ | $n_2$ | $n$ |

| データの尺度水準 | 係数などの名称 | 係数などのとりうる範囲 | 計算の仕方 |
|---|---|---|---|
| 名義尺度以上のデータ | 比率の差 | $-1 \leqq p_1 - p_2 \leqq 1$ | $p_1 = \frac{a}{n_1} - \frac{b}{n_2}$, $p_2 = \frac{a}{m_1} - \frac{c}{m_2}$ |
| 順序尺度以上のデータ | ファイ係数（$\phi$） | $-1 \leqq \phi \leqq 1$ | $\phi = \frac{ad-bc}{\sqrt{n_1 n_2 m_1 m_2}}$（積率相関係数と同じ値） |
| | ユールの関連係数（$Q$） | $-1 \leqq Q \leqq 1$ | $Q = \frac{ad-bc}{ad+bc}$（グットマン・クラスカルの$\gamma$係数に一致する） |

### ② 分割表などがない条件の時の相関関係

| データの尺度水準 | 係数などの名称 | 係数などのとりうる範囲 | 計算の仕方 |
|---|---|---|---|
| 順序尺度以上のデータ | スピアマンの順位関係数 | $-1 \leqq r_s \leqq 1$ | $1-\dfrac{6\Sigma(x-y)^2}{n(n^2-1)}$ |
| | ケンドールの一致係数 | $0 \leqq W \leqq 1$ | $\dfrac{\text{順位和の分散}}{\text{順位和の最大分散}}$ |
| 間隔尺度以上のデータ | 共分散 $Cov(xy)$ | $0 \leqq Cov(xy) \leqq s_x s_y$ | $Cov(xy) = \dfrac{\Sigma xy}{n} - \bar{x} \cdot \bar{y}$ |
| | 積率相関係数 $r$ | $-1 \leqq r \leqq 1$ | $r = \dfrac{Cov(xy)}{s_x s_y}$ |

### ③ $k \times \ell$ の分割表がある時の相関関係

| | | $x$ | | | | | |
|---|---|---|---|---|---|---|---|
| | | $x_1$ | $x_2$ | $\cdots$ | $\cdots$ | $x_\ell$ | 計 |
| $y$ | $y_1$ | | | | | | |
| | $y_2$ | | | | | | |
| | $\vdots$ | | | | | | |
| | $y_k$ | | | | | | |
| | 計 | | | | | | |

| | | |
|---|---|---|
| 名義尺度以上のデータ | クラメールの $\phi$ 係数<br>$0 \leqq \phi \leqq 1$ | $\sqrt{\chi^2 \div 〔n \times (k\text{と}l\text{の小さい方の数}-1)〕}$　ただし<br>$\chi^2 = \dfrac{(\text{各セルの度数}-\text{期待度数})^2}{\text{期待度数}}$ の和 |
| | グットマン・クラスカルの（$\lambda$）<br>$0 \leqq \lambda \leqq 1$ | $1-\dfrac{\text{一方の変数の値を知った時の予測誤差}}{\text{一方の変数の値を知らない時の予測誤差}}$ |
| 順序尺度以上のデータ | グットマン・クラスカルの（$\gamma$）<br>$-1 \leqq \gamma \leqq 1$ | $\dfrac{D}{C} = \dfrac{\Sigma P - \Sigma Q}{\Sigma P + \Sigma Q}$<br>$\Sigma P$ ：順の方向にある比較対の総数<br>$\Sigma Q$ ：逆の方向にある比較対の総数 |
| | ケンドールの順位相関係数　$k = \ell$ なら<br>$-1 \leqq \tau_b \leqq 1$ | $\dfrac{D}{\sqrt{C+\Sigma X_0}\sqrt{C+\Sigma Y_0}}$<br>$\Sigma X_0$ ： $X$ の中で同順位の対の総数<br>$\Sigma Y_0$ ： $Y$ の中で同順位の対の総数 |

## 5 相関係数の大きさの意義

相関係数の定義域は－１と＋１の間にあります。現実にデータを処理してみると$r$がどの程度ならば変数間に関係があると言えるのかを解釈したくなります。そこで$r$の有意性検定や区間推定の必要が生じますが，ここでは簡単な目安として４段階に分けておきました。また，検定については巻末の付表を利用してください。

**表８－２　相関係数（$r$）の大きさと解釈のめやす**

| | |
|---|---|
| 0.0～±0.2 | ほとんど相関がない |
| ±0.2～±0.4 | 弱い相関がある |
| ±0.4～±0.7 | 中等度の相関がある |
| ±0.7～±1.0 | 強い相関がある |

相関係数を２乗して100倍すると$x$から$y$（$y$から$x$）を説明できる程度を表します。これを決定係数と言います。

$$\text{決定係数}(\%) = r^2 \times 100$$

$r$の大きさの実質的な意味はその$r$の背景にある変数の性質や変数を現実にどのように利用しようとしているのかによって大きな差異があります。例えば，知能テストを考案して，その信頼性，再現性を見るために100人の小学生に２回このテストを行わせて，第１回目と第２回目のスコアの$r$を計算したところ，$r=0.7$だったとします。たしかに強い相関があるとは言えますが，$r^2 = 0.7^2 \times 100$（%）=49%，つまり第１回目から第２回目を49%しか予測できないことになりますので，この性格テストではテストするごとに知能が違って判定されるという可能性があります。この場合には$r$は大きいけれども，決して十分な大きさではないと言えましょう。一方，$r=0.7$が「収入」と「交際費」の関係を求めたものならば，むしろ関係を積極的に主張させるほどの大きさであると言えるでしょう。

このように，$r$の大きさはその状況に応じて柔軟に解釈されるべきものです。

**◇相関係数とピアソン◇**

相関係数という概念はPearson, K. によって数学的に規定されたので「ピアソンの積率相関係数」とも言います。彼は「進化理論に対する数学的貢献」（*Mathematical Contribution to the Theory of Evolution,* 1896）と題する論文で次のように書いています。「同一の個体または個体の関連した組みにおける2つの器官は，一定の大きさの第一の器官の系列が選ばれる時，それに対応する第二の器官の大きさの平均が，選ばれた第一の器官の大きさの関数であることが見いだされる時，相関関係があると言われる。平均がこの大きさから独立しているならば，器官は非相関的であると言われる。相関は上述の関数を決定する定数または定数の系列によって数学的に定義される」と，そして現在用いられている前出の相関係数を導く計算式を初めて明らかにしました。

$$r = \frac{Cov(xy)}{\sqrt{s_x{}^2 s_y{}^2}}$$

このrの分子である$Cov(xy)$は「力学の相乗積率」(product-moment)で，分母の$s_x{}^2$，$s_y{}^2$を「慣性(inertia)の積率」であると考えましたので，今日でも，相関関係のことを，「相乗積率相関」とか「ピアソンの積率相関」とか言います。これらはすべて同一の意味です。

ただし，Pearsonは元のデータの度数分布が正規分布であることを厳格に前提としていましたので「正規相関法」とも言います。ところが今日ではそれほど正規分布の条件をやかましく言わなくなっていますので，もし彼が生きていたなら，現代人はきっと批判を受けることになるでしょう(しかし，そうは言っても分布の形がひどくゆがんでいる変数の場合には相関係数をただちに計算しないで，変数変換などの方法を考えたいものです)。

ところがPearsonは現実のデータでは正規分布をしない場合が多く存在することを知っていましたので，1905年に「非対称相関と非直線回帰の一般理論」(*On the General Theory of Skew Correlation and Non-Linear Regression*)という有名な論文の中で曲線回帰と相関比の計算方法を初めて明らかにしました。

Pearsonの業績は統計史上きわめて立派なものでした。ところがこの相関という考え方は彼の先生とも言うべきGalton, F.の発案でした。進化論で有名なDarwin, C.の従兄であるGaltonは，遺伝の研究に数学，統計学が役立つと考えていましたが，親と子の身長の類似性について研究するうちに，ついに相関という概念に到達しました。この考え方は「相関関係とその測定」(*Correlation and their Measurement*, 1887)で簡明に説明されています。Galtonはこの中で「相関の緊密性が，いかなる特殊な場合にも，1つの数値で表現されることが示されるだろう」と予見しました。このことが端緒となってPearsonの計算法が生まれたわけです。

もちろん，他の研究者，例えばGauss, F.やWeldon, W.F.R., Edgeworth, F.Y.らも相関について考えていましたので，Pearsonがこれらの論文を参考にしていたことは間違いないでしょうが，今日のような計算方法と考え方はGalton由来のものと言えるでしょう。どんな科学的研究方法でもそうですが，相関係数の導出に関しても多くの統計学者たちの工夫や研究の成果から確立されてきたものなのです。

# 第９章　予測の方法
## ―回帰分析―

### 1 最小２乗法

図９－１のように，２変数の間に相関関係があったとしましょう。このような場合には変数 $x$ の増減が変数 $y$ の増減に関係しているのですから，$x$ の値によって $y$ を予測できるはずです。そこで，一次方程式を考えてみます。

$$y = ax + b \quad \cdots\cdots\cdots\cdots\cdots\cdots\cdots\cdots (9.1式)$$

$a$ は直線の勾配，$b$ は $y$ 軸との切片となります。ここで既知のデータ $x$ を用いて未知の $y$ を推定するためには $a$ と $b$ を決めておく必要があります。図９－１の直線を**回帰直線**（$x$ に関する $y$ の回帰直線）と言い，この一次式を**回帰方程式**，$a$ を**回帰係数**，$b$ を**回帰定数**と言います。

それでは $a$ と $b$ を求めるにはどうするのでしょうか。図９－２のように５個の観測値がある時，回帰直線は何本でも引けそうですが，ここでは予測に役立つ理想的な１本の直線を引きたいのです。そこで，実際の観測値 $y$ と予測値 $\hat{y}$ との差（$e = y - \hat{y}$）をできるだけ小さくするように $a$ と $b$ を決められると好都合です。

図９－２の回帰直線より上にある観測値の $e$ は正に，下にあると負の値となります。そこでガウスは $e$ を２乗した値の合計を最小にしようとしました。

**図９－１　回帰直線**

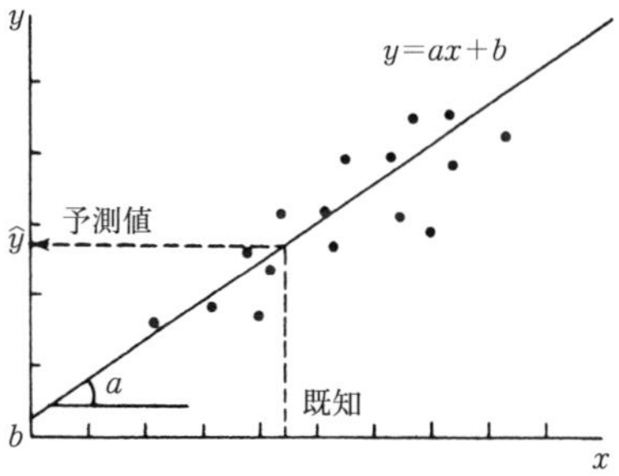

**図 9 − 2**　回帰直線と残差（$x$ に関する $y$ の回帰直線）

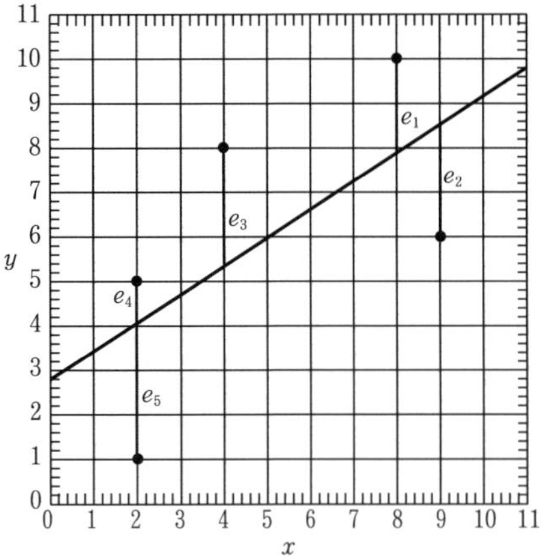


$\Sigma e_i^{\ 2}$ →最小にする

この方法を**最小 2 乗法**と言います。

この方法で $a$，$b$ を計算するには次式を用います。

$x$ から $y$ を予測する場合：

$$\boldsymbol{a} = \frac{\Sigma \boldsymbol{xy} - \dfrac{\Sigma \boldsymbol{x} \cdot \Sigma \boldsymbol{y}}{\boldsymbol{n}}}{\Sigma \boldsymbol{x}^2 - \dfrac{(\Sigma \boldsymbol{x})^2}{\boldsymbol{n}}} \quad \cdots\cdots\cdots\cdots\cdots\cdots\cdots (9.2式)$$

$$\boldsymbol{b} = \overline{\boldsymbol{y}} - \boldsymbol{a} \cdot \overline{\boldsymbol{x}} \quad \cdots\cdots\cdots\cdots\cdots\cdots\cdots\cdots\cdots (9.3式)$$

**〔例 9 − 1〕**

次のデータで衣服代から交際費を推定する回帰方程式を求めてみましょう。

8 人の学生の衣服代と交際費（1 か月間）

| | 衣服代（$x$） | 交際費($y$) | $x^2$ | $y^2$ | $xy$ |
|---|---|---|---|---|---|
| A | 7(千円) | 10(千円) | 49 | 100 | 70 |
| B | 8 | 9 | 64 | 81 | 72 |
| C | 10 | 7 | 100 | 49 | 70 |
| D | 4 | 2 | 16 | 4 | 8 |
| E | 2 | 3 | 4 | 9 | 6 |
| F | 1 | 2 | 1 | 4 | 2 |
| G | 3 | 1 | 9 | 1 | 3 |
| H | 6 | 4 | 36 | 16 | 24 |
| Σ | 41 | 38 | 279 | 264 | 255 |

このデータを9.2式，9.3式に代入します

$$a = \frac{255 - \frac{41 \times 38}{8}}{279 - \frac{(41)^2}{8}} = \frac{60.25}{68.87} = 0.87$$

$$b = \frac{38}{8} - 0.87 \times \frac{41}{8} = 4.75 - 0.87 \times 5.12 = 0.30$$

したがって回帰方程式は $y = 0.87x + 0.30$ となりました。これは $x$（衣服代）から $y$（交際費）を予測する回帰方程式です。

〔例9－2〕

衣服代が次のように与えられた場合の交際費を計算しなさい。

①　5,500円，②　9,300円，③　1,500円

①　$\hat{y} = 0.87 \times 5.5 + 0.30 = 5.085$　→　5,085円

②　$\hat{y} = 0.87 \times 9.3 + 0.30 = 8.391$　→　8,391円

③　$\hat{y} = 0.87 \times 1.5 + 0.30 = 1.605$　→　1,605円（図9－3参照）

このように回帰方程式が与えられれば $x$ によって $y$ を予測することができます。

しかし $y$ から $x$ を予測するには $y$ に関する $x$ の回帰直線を考えなければなりません。この場合，イメージとしては図9－4のように $\sum(x - \hat{x})^2$ を最小にするような直線を引くことになります。

$$x = ay + b \quad \cdots\cdots\cdots\cdots (9.4式)$$

の $a$，$b$ は9.2式，9.3式の $x$ と $y$ を入れ替えるだけで求められます。

$y$ から $x$ を予測する場合

$$a = \frac{\Sigma xy - \frac{\Sigma x \cdot \Sigma y}{n}}{\Sigma y^2 - \frac{(\Sigma y)^2}{n}} \quad \cdots\cdots\cdots\cdots (9.5式)$$

$$b = \bar{x} - a \times \bar{y} \quad \cdots\cdots\cdots\cdots (9.6式)$$

**図9－3　衣服代から交際費を予測する**

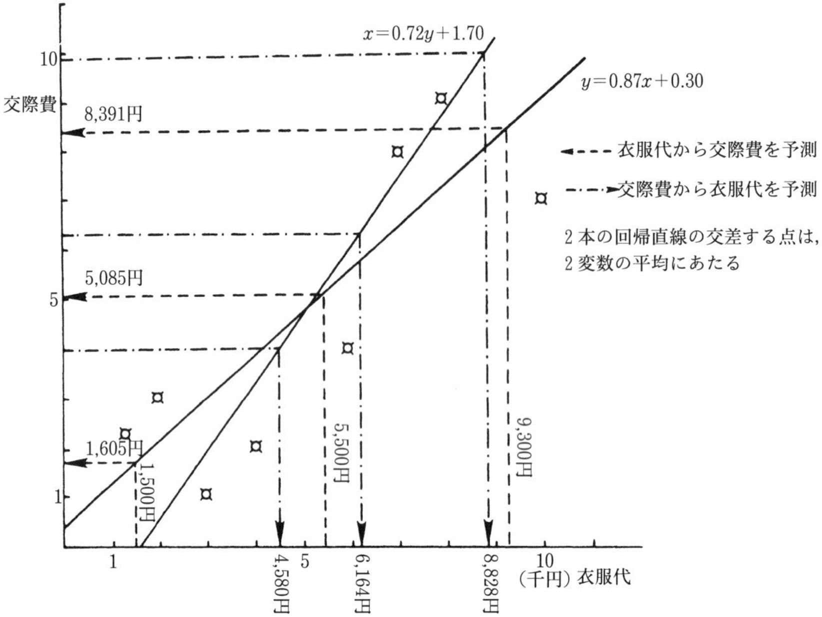


**図9－4　$y$ に関する $x$ の回帰直線**

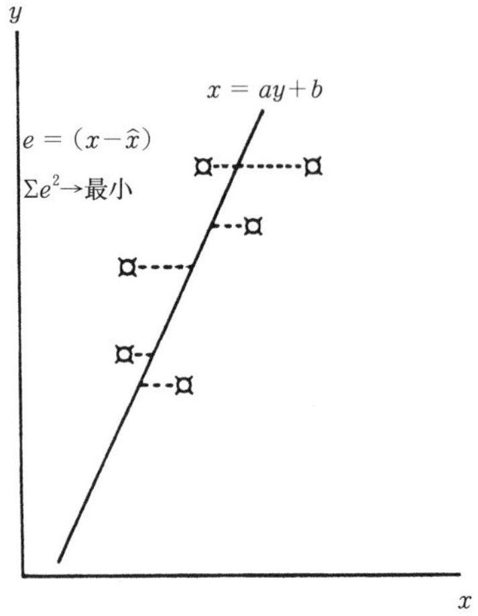

例9－1のデータを使うと

$$a = \frac{255 - \frac{41 \times 38}{8}}{264 - \frac{(38)^2}{8}} = \frac{60.25}{83.5} = 0.72$$

$$b = \frac{41}{8} - 0.72 \times \frac{38}{8} = 5.12 - 0.72 \times 4.75 = 1.7$$

したがって，$x = 0.72y + 1.70$ を得ます。

**〔例9－3〕**

交際費が①4,000円，②6,200円，③9,900円とした場合の衣服代を予測してください。

① $\hat{x} = 0.72 \times 4 + 1.7 = 4.58$　→　4,580円

② $\hat{x} = 0.72 \times 6.2 + 1.7 = 6.164$　→　6,164円

③ $\hat{x} = 0.72 \times 9.9 + 1.7 = 8.828$　→　8,828円　（図9－3参照）

$x$ と $y$ という対応する観測値があった時に一方から他方を予測するためには，$x$ から $y$ を，$y$ から $x$ を予測する方程式を別々に立てなければなりません。ところが，$x$ と $y$ が無相関であった場合には

$$x \text{に関する} y \text{の回帰直線} \qquad y = \bar{y}$$

**図9－5**　無相関の場合の回帰直線

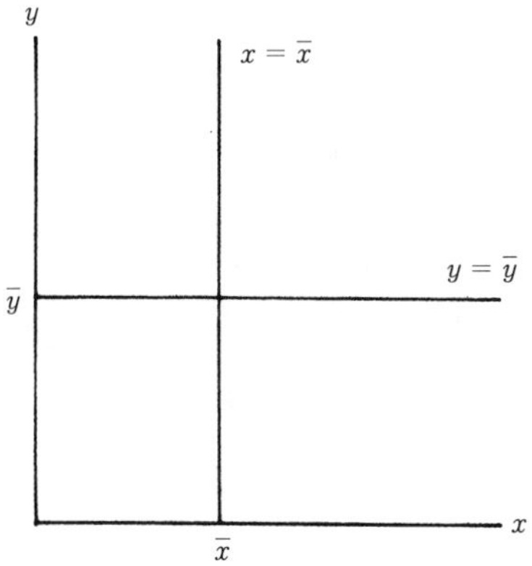


**図9－6**　完全な相関（$r = \pm 1$）の場合の回帰直線

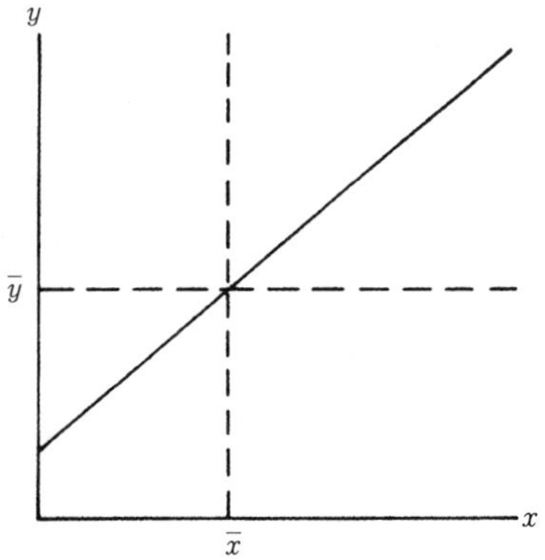

$y$に関する$x$の回帰直線　$x=\bar{x}$

となって，図9－5のように2直線は直交します。つまり$x$がいかなる値であろうと$y$の予測値は$y$の平均となり，$y$のいかなる値に対しても$x$の予測値は$x$の平均となります。

ところが，$x$と$y$が完全に相関している場合には（$r=\pm 1$），図9－6のように回帰直線は1本の直線のみになります。

**〔問題9－1〕**

ある町の工場数が次のように与えられた時に，年度から工場数を予測する方程式を計算してみましょう。

| 年度（$x$） | 工場数（$y$） | $x^2$ | $xy$ |
|---|---|---|---|
| 2000→1 | 104 | | |
| 2001→2 | 111 | | |
| 2002→3 | 118 | | |
| 2003→4 | 120 | | |
| 2004→5 | 124 | | |
| 2005→6 | 128 | | |
| 2006→7 | 131 | | |

## 2 回帰式の説明率

$x$から$y$，$y$から$x$の回帰というように2組みの回帰方程式が得られることは既に勉強しました。そこで，この2つの回帰方程式の回帰係数（$a$）をかけあわせてみましょう。

| $x$から$y$を予測する回帰係数 | × | $y$から$x$を予測する回帰係数 | ＝ | 決定係数 | …(9.7式) |
|---|---|---|---|---|---|

この値は**決定係数**と言うもので$x$から$y$，$y$から$x$を相互に説明（予測）できる割合を表します。例9－1の場合には決定係数は$0.87\times 0.72=0.63$となります。したがって

説明率（%）$=0.63\times 100=63$（%）

ということになります。これは

$$CD = \frac{Cov(xy)^2}{s_x^{\ 2} \cdot s_y^{\ 2}}$$

$$\text{決定係数} = \frac{(x\text{と}y\text{の共分散})^2}{(x\text{の分散})(y\text{の分散})} \quad \cdots\cdots\cdots\cdots\cdots(9.8\text{式})$$

ということですから0以上1以下となり，最も高い予測率では100%になります。

説明率を問題にする時に，上の9.8式では分子で共分散の2乗をとりました。そのために分子は必ず正数になりますので「正の関係」か「負の関係」かを区別できません。そこで分母，分子の平方根を求めると9.9式が得られます。

$$\sqrt{CD} = \frac{Cov(xy)}{\sqrt{s_x^{\ 2} \cdot s_y^{\ 2}}} \quad \cdots\cdots\cdots\cdots\cdots(9.9\text{式})$$

「相関係数」を求める公式になりました。こうすると正負の別がつくことになります。この式は決定係数の平方根をとることによって導かれるものですから決定係数と相関係数の関係は

$$\text{決定係数} = (\text{相関係数})^2 \quad \cdots\cdots\cdots\cdots\cdots(9.10\text{式})$$

相関係数を2乗して100を掛ければ $x$ から $y$，$y$ から $x$ を予測できる割合（%）が計算できることになります。

**◇統計的回帰とゴールトン◇**

回帰（regression）と言うのはどんなことなのでしょうか。予測（prediction）とか推定（estimation）でもいいのではないか，または直線のあてはめと言っても許されるのではないか，と感ずる人も多いと思います。たしかに今日使われている回帰方程式の意義からすればそういう言い方は可能かもしれません。実用上は予測などに使われているのですから回帰などという難しい用語は使わない方がいいかもしれません。そこで，回帰という統計学的概念がどうして生まれてくるかということについて触れましょう。

19世紀の後半，ケトレーの“Social Physics”の方法を発展させて生物測定学（biometrics）を創始したゴールトンは，形態について人間の家系データを大量に収集分析し，ひいては人種の改良を考えたらしいのです。既に最初の著作「天才と遺伝」（1869年）では「平均偏差の法則」を見いだしています。やがて彼は1908年に大量の家系データの中から「先祖返り」（reversion）を見いだします。これは「先祖形質遺伝の法則」（law of ancestral inheritance）と呼ばれるもので，後に回帰（regression）と

名づけられるようになります。

それは平均親の身長（父親と補正された母親の身長の平均）と成人した子どもの身長の相関表および図９－７の相関図から着想されたものです。この図の中で彼は父と母の身長の平均身長｛(1.08×母親の身長＋父親の身長）÷２｝と成人後の子どもの身長を，それぞれ階級をもうけて，階級ごとに中位数を取りました。これをグラフにしたところ図９－７のようになりました。ここで線分 AB はこの図形の対角線であり，∠ABF は45度です。もし子どもの身長が平均親に平均的に等しければ，これらの値は対角線 AB の上に位置します。しかし，実際のデータでは図に見られるように，明らかに AB とはズレていました。このズレている直線を CD とします。このことから彼は子どもは両親の平均にはなっていないと考えました。そこで直線 CD を近似的には直線と見なし，線分EC：EA＝2：3と推定し，この $\frac{2}{3}$ をもって「回帰」の程度としたわけです。つまり「平均より大きい親からはやはり平均より大きい子どもが生まれる。しかし親ほどは大きくはない。また平均より小さい親からは，平均より小さい子どもが生まれるが親ほど小さくない」と考えたのです。その程度（先祖返りの程度）を「回帰」と呼んだのです。彼はこの発見から，「ある人種においては世代ごとの平均身長がその人種そのものの平均身長の周りを「回帰」する」と考えたのでした。そして，reversion の r を取って「回帰係数」を $r$ としました。しかし後になって $r$ は相関係数を表すこととなりました。

**図９－７　親子の身長における「回帰」（先祖返り）**

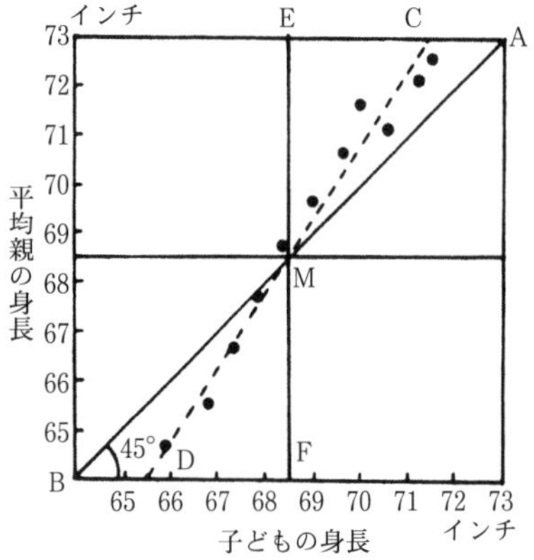


成人した子どもの身長の中位数

# 第10章　時間とともに変わるデータの分析

## 1 移動平均

時間とともに変化する一連のデータを時系列データと呼び，それを時間の関数として考えることができます。ところがそのデータの変動や誤差が大きく，変化の傾向を見つけにくい時に移動平均法は有効な方法です。

図10－１をある人の毎日の体温としましょう。体温は身体内部に炎症があったり，食事をした後や運動した後には上昇して人の代謝活動の程度を示す指標です。しかし，計測する部位，体温計の種類，計測時刻などの条件による誤差が含まれています。それらの誤差はあるデータに対してはプラスに，別のデータに対してはマイナスに働くと考えられるので，それらの時系列データに対して移動平均をとることで傾向を観察します。

**図10－１　移動平均**

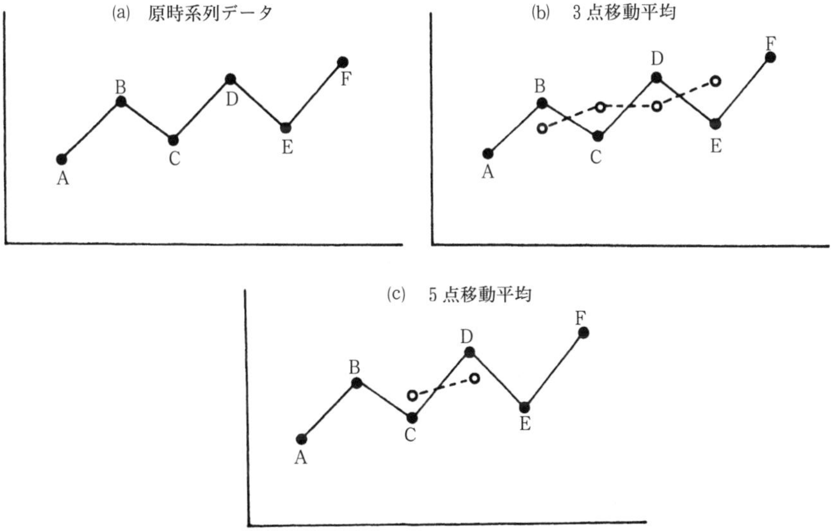

まず実測値（●印）を直線で結ぶと図10—1の(a)のようになりました。移動平均をとるということはある時点（$t$）とその前後を含む数時点のデータの平均をもって，ある時点の値（○印）とすることです。最も簡単な場合は3点の平均をもって移動平均とします。

$$\tilde{y} = \frac{y_{t-1} + y_t + y_{t+1}}{3}$$

ここで$y$を時系列データ，$\tilde{y}$を移動平均，$t$をある1時点，$t_{-1}$を1時点前，$t_{+1}$を1時点後とします。図10－1の(b)では移動平均によって得られたデータを○で示し，B時点のデータはA，B，Cの平均，C時点はB，C，D 3点の平均によって与えられます。このように求められた曲線はもとのカーブに比較して点線のように滑らかなものになります。同様に5点，7点，9点の平均と拡張してゆくこともできます。図10－1の(c)は5点の場合の移動平均ですが，5点の平均をとるということは当該時点を真ん中にして前後2時点のデータを使用しますので，両端の2時点のデータが捨てられることになります。すると図のようにデータが少なくなります。移動平均をとる時にはデータの数も考えなくてはなりません。

## 2 トレンドによる予測

時系列データが得られたら，それを利用して，将来の予測をしてみたくなりますが，どうすればよいのでしょうか。そこで，時系列データに直線の**トレンド（傾向線）**をあてはめる方法を考えます。

表10－1を見てください。これを仮にコンビニの店舗数を示したものとします。毎年計測されたデータが変数($y$)として与えられています。変数($x$)は時間を表示する上で，計算を簡単にするために（0，1，……6）と変換したもので，$x$の値は単に$y$が観測された等間隔の順序を示しているにすぎません。

**表10—1　データ例　コンビニ店舗数**

| 年度 ($x$) | コンビニ店舗数 ($y$) |
|---|---|
| 0 | 30 |
| 1 | 37 |
| 2 | 38 |
| 3 | 45 |
| 4 | 48 |
| 5 | 49 |
| 6 | 58 |

図示すると図10－2のようになります。

時系列データでトレンドを表現するためには,「最も適合する直線（曲線)」を求めることです。ここでは一次の回帰方程式を求めてみましょう。

時系列分析では，年度（時間）が与えられた時の店舗数（観測される値）の予測値を計算します。つまり$x$から$y$を予測する回帰直線を求めます。

与えられたデータに直線を当てはめるのには回帰分析で用いたのと同じ公式を使います。回帰係数（$a$）は9.2式から

**図10－2　店舗数の時系列**

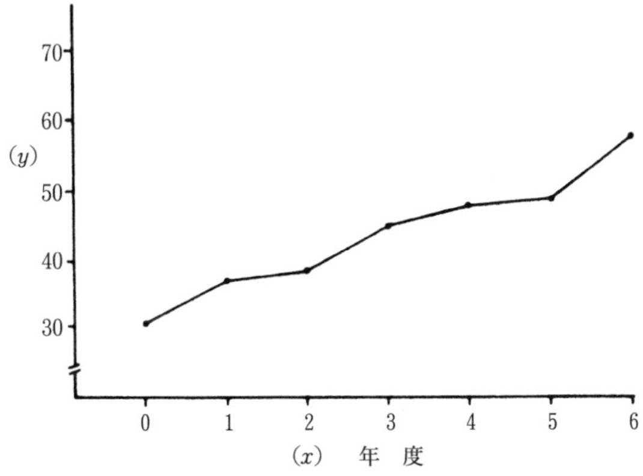

$$a = \frac{\Sigma xy - \frac{\Sigma x \Sigma y}{n}}{\Sigma x^2 - \frac{(\Sigma x)^2}{n}}$$

定数（$b$）は9.3式から

$$b = \bar{y} - a \cdot \bar{x}$$

で求めます。

それでは店舗の時系列データでトレンドを計算してみましょう。

まずデータから（$x \times y$），（$x^2$）を計算し，次いでタテ系列の合計を求めておきます。

表10―2　回帰分析の計算表

| （$x$） | （$y$） | （$xy$） | （$x^2$） |
|---|---|---|---|
| 0 | 30 | 0 | 0 |
| 1 | 37 | 37 | 1 |
| 2 | 38 | 76 | 4 |
| 3 | 45 | 135 | 9 |
| 4 | 48 | 192 | 16 |
| 5 | 49 | 245 | 25 |
| 6 | 58 | 348 | 36 |
| $\Sigma x = 21$ | $\Sigma y = 305$ | $\Sigma xy = 1{,}033$ | $\Sigma x^2 = 91$ |

を求めておきます。

このような計算表を作っておくと計算ミスが少なくなる利点があります。トレンドを求めるには回帰係数（$a$），定数（$b$）を得る公式を使いますから

$$a = \frac{1033 - \frac{21 \times 305}{7}}{91 - \frac{(21)^2}{7}} = 4.21$$

$$b = 43.57 - 4.21 \times 3 = 30.94$$

となりますので求める回帰式は次のようです。

$$y = 4.21x + 30.94$$

それでは，この回帰式からトレンドを示す直線を描いてみましょう。上の回帰式に $x=0$ と $x=6$ を代入すると $x=0$ には $y=30.94$，$x=6$ には $y=56.2$ が得られますので，この 2 点を結ぶ直線を引くと図10－3のようになります。

**図10－3　トレンドの推定**

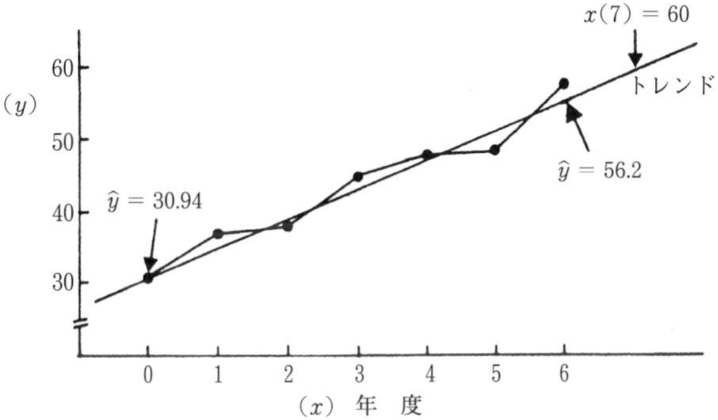


こうして回帰直線が求められると 7 年目の予測値も得られることになります。図から読み取ると約60のところに予測値があります。この値から大きくはずれることはないと考えられます。

ただし，このような予測をしうるためには，示されたトレンドが，将来的にも一定に保たれるだろうという仮定が必要です。この例ですと 7 年目あるいは 8 年目などに急に傾向が変化して急上昇（下降）したりしないことが前提になっているわけです。そうした仮定のもとで2016年にはどうなっているでしょうか。2016年は $x=15$ ということですから次のように予測されます。

$$\hat{y}=4.21\times 15+30.94=94.09$$

## 3 時系列データと変動成分の解析

今までに代表的な時系列データの分析法を紹介してきましたが，ここではこれらの方法を利用した，より進んだ分析法について学びます。

時間の経過とともに変動するデータには上昇し続ける傾向にあるもの，下降してゆく傾向にあるもの，波動のように曲線が上昇したり下降したりしてそれを繰り返すものなど様々です。通常はこれらのデータには 4 つの変動成分が含まれているとされます。

⑴ **傾向変動**（T, Trend）　長期にわたって上昇あるいは下降する傾向を示す変動。

⑵ **季節変動**（S, Seasonal variation）　毎年同じ季節になると同じように出現する変動。

⑶ **循環変動**（C, Cyclical variation）　一般には数年サイクルで同じ傾向が戻ってくる変動。

⑷ **不規則変動**（I, Irregular variation）　偶然に不規則に出現する変動

時系列データとはこれらの変動が混合しているデータのことでもあります。そして，時系列データの分析ではこれら4つの成分を分離すること，その分離した結果から将来予測をすることが1つの目的となります。

今，観測データを$Y$としますと$T$，$S$，$C$，$I$の成分は考え方としては次のように結合していると仮定されます。

① $Y = T+S+C+I$ **（加法モデル）**

② $Y = T\times S\times C\times I$ **（比例モデル）**

各成分の分離の方法としては，例えば$T$が求められた場合（先に紹介したトレンドの計算方法で求められます）ですと，加法モデルでは，

$$Y-T = S+C+I$$

比例モデルでは，

$$\frac{Y}{T} = S\times C\times I$$

として他の値と分離してゆきます。ここでも加法モデルなのか，比例モデルなのかというモデルの選択はデータの変動を見てから決めなければなりません。例えば，傾向変動（$T$）の増加に伴って季節変動（$S$）や循環変動（$C$）の変動が増加する時には比例モデルを用い，一方，変動の幅が変化しない時には加法モデルを採用することが多いようです。

例10―1はある家庭の3年間の月ごとの交通費ですが，どのように4つの成分を分離したらよいでしょうか。

〔例10－1〕

ある家庭の3年間の衣服代から$T, S, C$を分離する計算をする問題です。空欄に該当する数値を次に述べる計算方法に従って求めてください。ここでは加法モデルを用いて説明しましょう。

ある家庭の3年間の衣服代の変動（単位千円）

| 月 | 1年 | 2年 | 3年 | 傾向変動成分（$T$） ||| 定常時系列（$Z$） |||
|---|---|---|---|---|---|---|---|---|---|
| 1 | 15 | 16 | 16 | 14.22 | 14.26 | 14.30 | ☐ | ☐ | ☐ |
| 3 | 18 | 19 | 21 | ☐ | 14.27 | 14.31 | 3.78 | ☐ | ☐ |
| 5 | 12 | 13 | 13 | 14.23 | ☐ | 14.32 | ☐ | −1.27 | ☐ |
| 7 | 10 | 11 | 10 | 14.24 | ☐ | 14.32 | ☐ | −3.28 | ☐ |
| 9 | 14 | 15 | 15 | 14.25 | ☐ | 14.33 | ☐ | 0.71 | ☐ |
| 11 | 12 | 13 | 14 | 14.25 | 14.30 | 14.34 | −2.25 | −1.3 | −0.34 |

| 月 | 季節変動成分（$S$） | ($S$)$Z$の平均 ($A$) ||| 循環変動成分（$C$） |||
|---|---|---|---|---|---|---|---|
| 1 | ☐ | −0.63 | ☐ | ☐ | − | ☐ | ☐ |
| 3 | ☐ | −1.29 | ☐ | ☐ | −0.85 | ☐ | ☐ |
| 5 | ☐ | −0.62 | ☐ | ☐ | −0.73 | ☐ | ☐ |
| 7 | ☐ | ☐ | ☐ | ☐ | ☐ | ☐ | ☐ |
| 9 | ☐ | ☐ | ☐ | ☐ | ☐ | ☐ | ☐ |
| 11 | −1.30 | ☐ | ☐ | ☐ | ☐ | ☐ | − |

### （1） 傾向変動（$T$）の分離

この成分の分離方法は既に学習した回帰分析の方法をそのまま用います。もちろん，1年1月〜3年11月をデータの原系列として回帰分析を行って，$y = ax+b$の$a$と$b$を求め，新たに得られた回帰式を用いて$\hat{y}$（推定される$y$の値。ここでは$T_i$として説明しています）を求めます。

こうして得られた3か年分の推定値を$T$としますと表10－3のような形となります。

**表10－3　月ごとの衣服代の推定値（傾向変動）**

| 月 | 1年の推定値 | 2年の推定値 | 3年の推定値 |
|---|---|---|---|
| 1 | $T_1$ | $T_7$ | $T_{13}$ |
| 3 | $T_2$ | $T_8$ | $T_{14}$ |
| ⋮ | ⋮ | ⋮ | ⋮ |
| 11 | $T_6$ | $T_{12}$ | $T_{18}$ |

この $T$ の系列を傾向変動（$T$）と言います。ここで加法モデル $Y = T+C+S+I$ の $T$ が得られたわけですから，次に $Y-T = C+S+I$ を分離します。今，原データを $Y$，傾向変動を $T$，そしてその他の変動を仮に $Z$ とすれば表10－4が得られます。

**表10－4　定常時系列の分離**

| 原系列データ | 傾向変動成分 | その他の変動成分 |
|---|---|---|
| 1年1月のデータ（$Y_1$） | $T_1$ | $Z_1 = Y_1 - T_1$ |
| 3月のデータ（$Y_2$） | $T_2$ | $Z_2 = Y_2 - T_2$ |
| ⋮ | ⋮ | ⋮ |
| 3年11月のデータ（$Y_{18}$） | $T_{18}$ | $Z_{18} = Y_{18} - T_{18}$ |

### （2）　季節変動（$S$）の分離

上の計算で得られた値 $Z(S+C+I)$ のことを**定常時系列**と呼んでいます。定常時系列とは原系列から傾向変動を引き算して得られた値のことです。

次に $S+C+I$ の中から $S$ を分離する方法ですが，最も一般的な方法は同じ月のデータ（ここでは，$Z_1$，$Z_7$，$Z_{13}$ が各年の1月の定常時系列データとなります）の平均 $\dfrac{Z_1+Z_7+Z_{13}}{3}$ を求めます。これが季節変動成分 $S$ ということになります。

**表10－5　季節変動成分の分離**

| 月 | 1年 | 2年 | 3年 | 合計 | 季節変動（$Z$の平均値） |
|---|---|---|---|---|---|
| 1 | $Z_1$ | $Z_7$ | $Z_{13}$ | $Z_1+Z_7+Z_{13}$ | $S_1$ = 合計÷3 |
| 2 | $Z_2$ | $Z_8$ | $Z_{14}$ | $Z_2+Z_8+Z_{14}$ | $S_2$ = 合計÷3 |
| ⋮ | ⋮ | ⋮ | ⋮ | ⋮ | ⋮ |
| 12 | $Z_6$ | $Z_{12}$ | $Z_{18}$ | $Z_6+Z_{12}+Z_{18}$ | $S_6$ = 合計÷3 |

このようにして簡単に季節変動（$S$）は分離されます。

**（3）　循環変動（*C*）の分離**

上の手順で$C+I$が分離されて残りましたが，これからさらに$C$の循環変動の成分を除去することにしましょう。

まず定常時系列（$Z$）から季節変動（$S$）を引き算したデータ系列を作ります。

**表10－6　循環変動の分離**

| 月 | 1年 | 2年 | 3年 |
|---|---|---|---|
| 1 | $Z_1-S_1=A_1$ | $Z_7-S_1=A_7$ | $Z_{13}-S_1=A_{13}$ |
| 2 | $Z_2-S_2=A_2$ | $Z_8-S_2=A_8$ | $Z_{14}-S_2=A_{14}$ |
| ⋮ | ⋮ | ⋮ | ⋮ |
| 11 | $Z_6-S_6=A_6$ | $Z_{12}-S_6=A_{12}$ | $Z_{18}-S_6=A_{18}$ |

これをいま仮に$A$としましょう。この$A$のデータ系列の移動平均を計算します。普通は，3時点あるいは5時点のデータを平滑化する方法がとられます。

3時点で移動平均をとると

$$\frac{A_1+A_2+A_3}{3}=A_2\text{の移動平均}\rightarrow\text{循環変動}(C_1)$$

が得られます。このようにして，次々と$A_{18}$までのデータを使って循環変動を求めてゆくと次のようになります。

表10－7　循環変動の行列

| 月 | 1年 | 2年 | 3年 |
|---|---|---|---|
| 1 | なし | $C_6$ | $C_{12}$ |
| 3 | $C_1$ | $C_7$ | $C_{13}$ |
| 5 | $C_2$ | $C_8$ | $C_{14}$ |
| 7 | $C_3$ | $C_9$ | $C_{15}$ |
| 9 | $C_4$ | $C_{10}$ | $C_{16}$ |
| 11 | $C_5$ | $C_{11}$ | なし |

こうして循環変動（$C$）が分離されます。しかしデータが数年分しかない場合には循環変動が1サイクルしか出現しないために，循環変動であると断定できない場合も多いのです。また変動そのものが小さい場合には傾向変動や不規則変動にまぎれ込んでしまい，明瞭に分離しえないこともあります。

データの分析に当たってはまず長期間，大量のそして正確な計測データが必要です。データがあったら何でもいいから4つの成分に分離すると考えるのではなく，分析の前にデータの性質，データ数，正確性を考えることが大切です。そして計算を始める前にグラフを書いてみてじっくり観察してから方針を決めてください。このような分析はコンピュータ・プログラムが市販されていますので利用してみましょう。ただし，一度は自分で計算してみることをすすめます。きっと実力が身につくはずです。

# 第11章　統計調査の方法・標本抽出

統計調査には，調査対象者の全員を調べる全数調査と，一部の人を選んで調べる**標本調査**があります。

例えば5年に一度行われる**国勢調査**や毎年報告される**人口動態調査**などは全数調査ですが，毎月報告されている家計調査や毎日公表されるテレビの視聴率調査は標本調査です。

標本調査には，標本の選び方の違いから有意抽出調査と無作為抽出調査があります。これらの調査では標本の大きさや抽出・集計に伴う誤差を管理しなければなりません。

## 1 有意抽出法

これは調査をする人の判断で意図的に調査対象を選ぶ方法です。と言っても好きかってに選ぶのではなく，その抽出された調査客体（標本）が調査内容に関して次の条件を充たしているべきです。

① 全体集団の代表的，典型的な位置にあること（典型調査と呼ぶこともあります）

② 既存の知識，経験からしてその調査客体（標本）が全体の縮図となるような集団であること

したがって有意抽出作業をする前に対象全体集団についての知識がなければなりませんので，初めて行う研究ですとこの方法は採用しにくいでしょう。

## 2 母集団から標本抽出する方法

前章までの統計学を記述統計学と言うのに対して，この章から以後で学習する統計学を推測統計学と言います。推測統計学では，母集団に対する標本という概念を立てて理論が構築されています。

いま調査しようとしている集団が「日本の美容師」という集団だったとすると，日本の美容師すべてを指して母集団と考えます。しかしすべての美容師を調査することは実際には時間や費用の点で難しいので，そのうちの何人かを選び，この何人かによって全体集団を代表させたいと考えます。この何人かが標本です。ここで，母集団と標本との関係は図11－1のようになっています。ここでは，母集団とは対象となる美容師の全体集団を言い，標本とは母集団からデータを得る目的で抽出された何人かの部分集団を指します。そこで，美容師全員が載っているリストから何人かの美容師を抽出してこれを標本とします。

**図11－1　母集団と標本の関係**

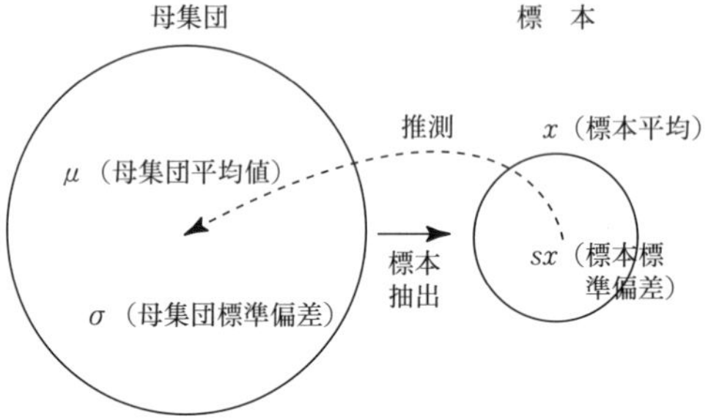


母集団から標本を抽出する際，選ばれる確率がどの標本も等しくなるように確率化された方法でなされる時に，これを無作為抽出法と言います。無作為に選ぶ方法には

⑴　単純（無作為）抽出法
⑵　系統（無作為）抽出法
⑶　層化（無作為）抽出法
⑷　多段（無作為）抽出法
⑸　集落抽出法

などがあります。

**（1）　単純無作為抽出法**

最も簡単な方法で，標本が少ない場合に用います。

①　母集団全員についての氏名のリスト（**標本台帳**あるいは一覧表）を用意します。例えば，ある地域の美容師から何人かの美容師を選ぶとすれば，美容師全

員の載っている名簿を用意します。

② 母集団の全員に一連番号を1，2，3，……$n$とつけます。

③ くじ引きと同じように，当たりの数（標本数）を決めます。

④ **乱数表**（表11－1）を準備します。乱数表というのは0から9までの数がデタラメに並べられた表のことです。

**表11－1　乱数表の一部**

| | | | | | | | | | |
|---|---|---|---|---|---|---|---|---|---|
| 28 | 89 | 65 | 87 | 08 | 13 | 50 | 63 | 04 | 23 |
| 30 | 29 | 43 | 65 | 42 | 78 | 66 | 28 | 55 | 80 |
| 95 | 74 | 62 | 60 | 53 | 51 | 57 | 32 | 22 | 27 |
| 01 | 85 | 54 | 96 | 72 | 66 | 86 | 65 | 64 | 60 |
| 10 | 91 | 46 | 96 | 86 | 19 | 83 | 52 | 47 | 53 |
| 05 | 33 | 18 | 08 | 51 | 51 | 78 | 57 | 26 | 17 |
| 04 | 43 | 13 | 37 | 00 | 79 | 68 | 96 | 26 | 60 |
| 05 | 85 | 40 | 25 | 24 | 73 | 52 | 93 | 70 | 50 |
| 84 | 90 | 90 | 65 | 77 | 63 | 99 | 25 | 69 | 02 |
| 28 | 55 | 53 | 09 | 48 | 86 | 28 | 30 | 02 | 35 |
| 89 | 83 | 40 | 69 | 80 | 97 | 96 | 47 | 59 | 97 |
| 73 | 20 | 96 | 05 | 68 | 93 | 41 | 69 | 96 | 07 |
| 10 | 89 | 07 | 76 | 21 | 40 | 24 | 74 | 36 | 42 |
| 91 | 50 | 27 | 78 | 37 | 06 | 06 | 16 | 25 | 98 |
| 03 | 45 | 44 | 66 | 88 | 97 | 81 | 26 | 03 | 89 |

⑤ 乱数表の使い方としては簡単には，自分の家の電話番号が，例えば3719－2167とすれば末尾の1ケタ目と2ケタ目を使って6行，7列として，そこに該当する乱数を最初の標本番号としてもよいでしょう。表11－1では 78 がそれに当たります。続いて57，26……と標本番号が読み取られます。こうして予定した標本だけ乱数表から抽出して，それを調査客体とするわけです。

乱数表はタテからでも，ヨコからでも乱数になっているので神経質になることはありません。また乱数としてなんケタの数字を使ってもよいのです。鉛筆を上から落として，落下点の数字を読んでもよいのです。

ただこの方法は標本数が増えると繁雑になります。

（2） **系統無作為抽出法**

単純無作為抽出法を，より節約的にした方法で手間がかからないためによく用いられます。

① ⑴と同じく母集団全体を示すリストを用意します。

② 一連番号をつけておきます。（表11－２）

**表11－２**　母集団全員の名簿

| 一連番号 | 氏　名 | 住　所 | 電　話 | 職　業 |
|---|---|---|---|---|
| 1 | | | | |
| 2 | | | | |
| 3 | | | | |
| ⋮ | | | | |
| スターティング・ナンバー ⑮ | | | | |
| 抽出間隔　⋮ | | | | |
| ㉟ | | | | |
| 抽出間隔　⋮ | | | | |
| (55) | | | | |
| ⋮ | | | | |
| 100人目→2,015 | | | | |

③ 母集団に属する個人や世帯の数を考慮して標本数を決定します。

④ 乱数表から１つだけ数を選びます。この数をスターティング・ナンバー（起番号）とします（表11－２では15が乱数表から選ばれたと仮定しています）。

⑤ 次に抽出間隔を決めますが，母集団が2,020人でこれから100人の標本を抽出する場合には，2020÷100＝20.2となります。20.2人というのは具合が悪いので20人を抽出間隔とします。

⑥ スターティング・ナンバーである15をまず最初の標本とします。続いて抽出間隔，すなわち20人あとの35番，55番……2,015番と系統的に標本を選びます。

このようにして100人を抽出して終了します。ところがスターティング・ナンバーが99などという大きな数ならば20人間隔ですと，選ばれるはずの人が100人以下になってしまいますから，この場合には1番に戻って100人まで抽出します。一方，若い番号から出発する場合には，100人以上になってしまいます。この時には余分の人数分を再び乱数によって選んで，その番号の標本を除外した上で100人にします。

### （3） 層化無作為抽出法

現実に私たちが取り扱う集団は職業別，年齢別，性別，大学別，学部別……というように質的に区別できる場合が多いようです。普通は，１クラスを母集団とするというような限定された狭い範囲であることよりは，市内全体の児童生徒とか，村全体の住民といった母集団を考えていることの方が統計調査では多いのです。こうした広い範囲で母集団を考えると，今までの単純無作為抽出法とか系統無作為抽出法ではあまりに手間がかかってしまい，繁雑になります。50万人の児童生徒の母集団から1,000人を選ぶなどという作業は上記のような手作業ではとてもめんどうで，推定の精度にも限界があります。

そこで母集団をいくつかの層に分割しておき，その中から標本を抽出することによって標本抽出誤差を小さくして推定の精度を上げる方法を工夫します。それが層化無作為抽出法の考え方です。手順は次のようにします。

①　母集団をいくつかの層に分けます。その時に，同一の層の中ではなるべく同じ意見，同じ回答，同じ反応……というように同じような属性を持っている人々なら，たぶん同じような意見，回答，反応が得られるであろうという予想を立てます。そうした考え方のもとで，例えば職業，性，年齢，居住地区などの条件で母集団をいくつかの層（グループ）に分割します（学歴の例で示すと図11―２のようになります)。

②　各層の中から単純無作為抽出法あるいは系統無作為抽出法で標本を抽出します。

この時，各層の大きさが知られている場合には，標本の抽出に当たって，各層の大きさが反映するように比例割当をしましょう。

層化無作為抽出法では，層化がうまくできれば標本数を大幅に減らすことがで

図11－２　層化無作為抽出法

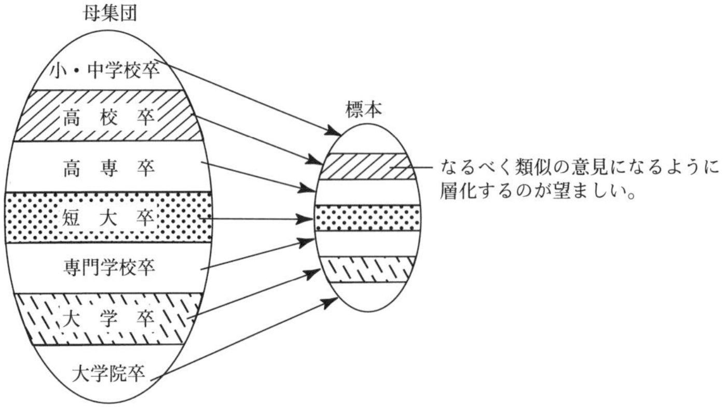


きます。逆に層内の意見がバラバラで，全体のバラツキと差がなければ層化した意味はなく，単純無作為抽出したのと同じになります。

この方法は，母集団の成員と層化された各グループの特徴について前もって深い知識があることが調査の成功，不成功を左右します。なんでもよいから性別，年齢別にすればよいという考えではいけません。また横着をして，いいかげんに分けるのも層化の効果を低くしてしまいます。

**（４）　多段無作為抽出法**

調査の規模が大きく，範囲が全国や県全体などに及ぶとなると，今までの方法では対応できません。例えば，全国40,000人の校長から1,000人の校長を系統無作為抽出法で選び，意見を面接法で求めるなどというのは費用と労力ばかりかかってしまい，効率が悪いのです。そこで全国から一度に標本を抽出するのではなく，いくつかの段階に分けてから最後に標本を抽出する方法のことを多段無作為抽出法と言います。

①　まず**第１次抽出単位**として全国から県や市町村などを抽出します。この時の選び方は全国の都道府県（市町村）に一連番号をつけ，単純無作為抽出法や系統無作為抽出法で選びます。

②　次に**第２次抽出単位**として当該の都道府県（市町村）の中から学校を同様に抽出します。この学校長を標本とします。もちろん，全国から都道府県を抽出

し，県から市町村を，さらに各市町村から学校を抽出するという場合もあります（図11－３）。

図11－３　多段無作為抽出法

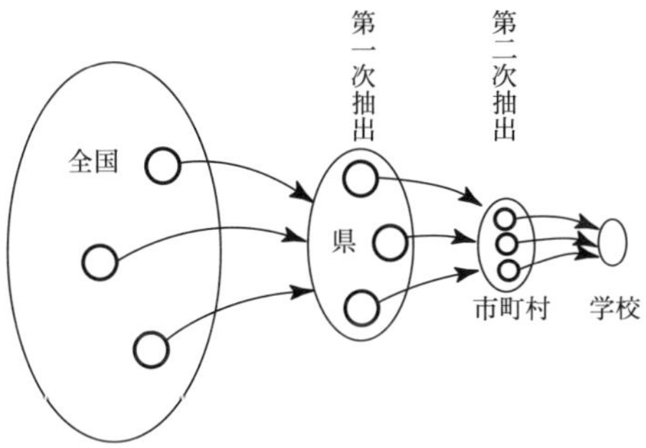


### （５）　集落無作為抽出法

母集団の構成単位の一部の集まりを「集落」と言い，この集落を抽出単位とする抽出法を集落無作為抽出法と言います。世帯や学校などを構成単位とする調査などでは調査区を設定しそのリストを作り，調査区を抽出単位として抽出し，その中に存在する世帯や学校をすべて調べる方法が，典型的な集落無作為抽出法です。

集落無作為抽出法は，非集落無作為抽出法に比べて調査効率が上がり，コスト面で有利となります。

**〔問題11－１〕**

ある講義を受講している学生100人の中から，無作為に10人の標本を抽出するのにはどのようにしたらよいか，具体的な方法を考えなさい。

**〔問題11－２〕**

文学部学生250人，家政学部学生200人，経済学部学生300人の中から50人を抽出するにはどうしたらよいか，考えなさい。

**〔問題11－３〕**

全国の高校生1,000人を対象に制服についてのアンケート調査をする場合の抽出方法を考えてください。

# 第12章　標本分布の基本

さて，いよいよ推測統計学の基本である標本分布についてお話しましょう。推測統計学の考え方はかなり分かりにくく入り組んでいますが，できるだけ簡単，明瞭にかいつまんでお話します（この章は第13，14章の後に読んでもよいでしょう。）。

## 1 標本平均の分布法則と中心極限定理

今，仮に日本全国の17歳男子の身長が平均$\mu = 170$cm，標準偏差が$\sigma = 6$cmで正規分布していて，これが母集団の値だったとします（図12－1）。

図12－1　母集団の分布　17歳男子の身長

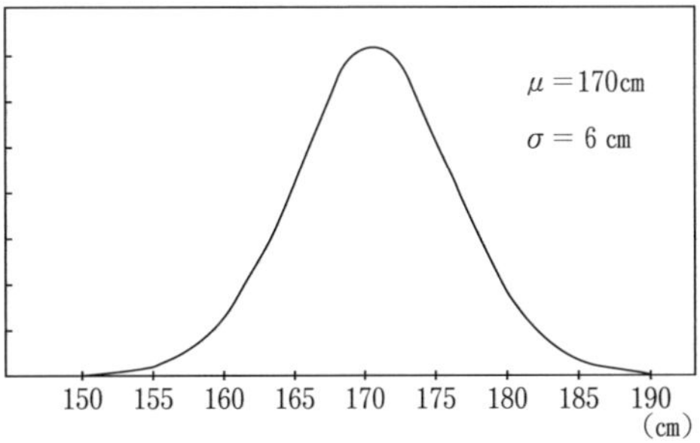


この母集団から，いま実験的に５人の標本を取り出して標本平均（$\bar{x}$）を求めたら169.6cmでした。次にまた５人の標本で標本平均を求めると今度は170.5cmでした，さらにまた５人，さらに５人と次々に５人ずつの標本平均を計算してゆき，100個の標本平均を求めます。そしてこの標本平均の平均（$\bar{\bar{x}}$）と標本平均の標準偏差（$s_{\bar{x}}$）を計算しました。これを表12－１と図12－２にしました。するとこの分布の$\bar{\bar{x}}$は，かなり母集団の平均に近くなります。

次に今度は10人ずつの標本平均を100回，20人ずつの標本平均を100回それぞれ求めて，同じように標本平均の平均と標本平均の標準偏差を計算します。

**表12－1**　平均値が170cm，標準偏差が 6 cmの正規母集団からの標本平均の分布（例）

| | $n=5$ | $n=10$ | $n=20$ |
|---|---|---|---|
| 標本平均（$\bar{x}$）の平均$\bar{\bar{x}}$ | 169.3 | 169.5 | 169.8 |
| $\bar{x}$の標準偏差（標準誤差） | 0.56 | 0.34 | 0.11 |
| $\dfrac{\sigma}{\sqrt{n}}$ | 0.60 | 0.31 | 0.12 |

**図12－2**　正規母集団の標本分布

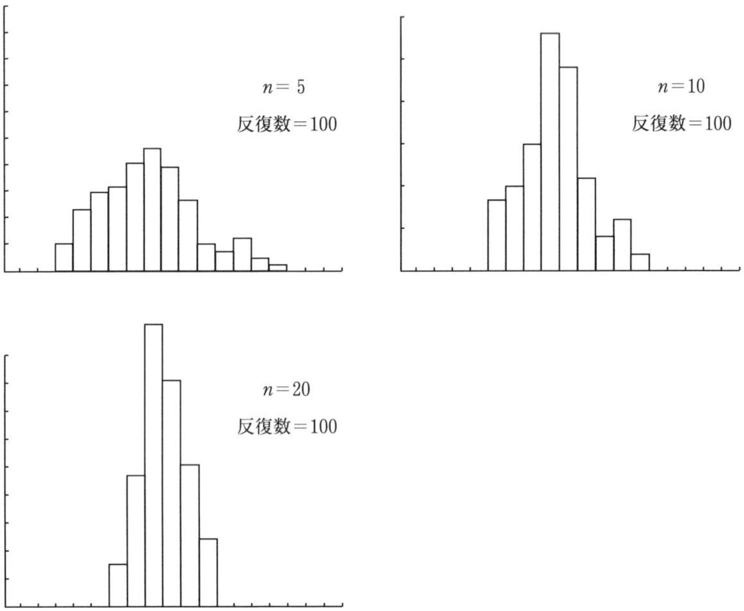


このようにして，標本平均の平均を求めていくと，標本の人数が大きくなるほど母集団の平均に近くなり，また標本平均の標準偏差が小さくなっていきます。この標本平均の標準偏差を特に**標準誤差**と言います。

ここから次の式が導かれます。

$$\mu = \bar{\bar{x}}$$

$$s_{\bar{x}} = \frac{\sigma}{\sqrt{n}}$$

つまり，標本平均の平均は母平均に等しく，また標本平均の標準誤差は標本が大きくなるほど小さくなります。また，次のようにも言えます。母集団の分布が正規分布の時はそれから得られた大きさ $n$ の標本に基づく標本平均の分布はやはり正規分布であり，その $\bar{x}$ の平均は $\mu$，標準誤差は $\frac{\sigma}{\sqrt{n}}$ です。

次に，**中心極限定理**についてです。この定理は簡単に言えば母集団の分布が仮に正規分布していなくとも，標本の大きさを大きくしてゆくと標本平均の分布が平均 $\mu$，標準偏差 $\frac{\sigma}{\sqrt{n}}$ の正規分布に近づいてゆくというものです。例えば，日本全国の高校生女子の一週間の運動時間について調査したところ図12－3のような分布だったとします。このデータを母集団の分布として，先ほどと同じように，5人の標本を100回とって100個の平均を計算しておきます，次に10人の標本を100回とって100個の平均，20人の標本を100回とって100個の平均，30人の標本を100回とって100個の平均を求めておきます。これを図としてイメージするとさっきと同じように標本が大きくなると正規分布に近づき，平均の標準偏差（標準誤差）もどんどん小さくなっていきます。つまり，データが大きくなれば分布に関係なく正規分布に近づく，ということになります（図12－4）。

これはいろんなデータを取り扱う上で統計利用者にとって心強く，頼りになる

**図12－3**　女子の一週間の運動時間

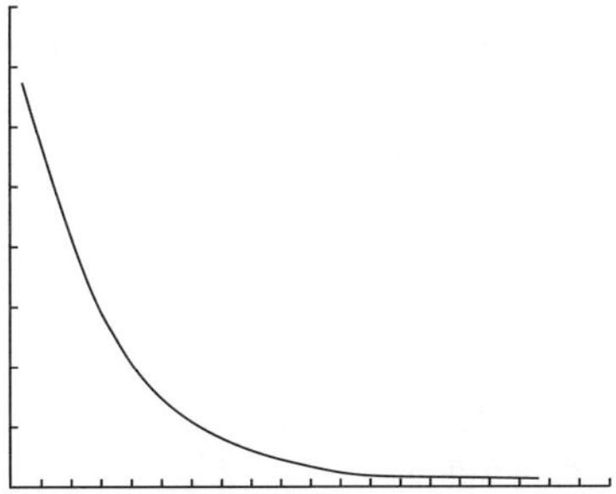

（日本学校保健会のサーベイランス調査結果からモデル的に描いた分布です）

**図12－4**　歪んだ分布からの標本抽出でも $n$ が大きくなると $\bar{x}$ の分布は正規分布に近づいてゆく

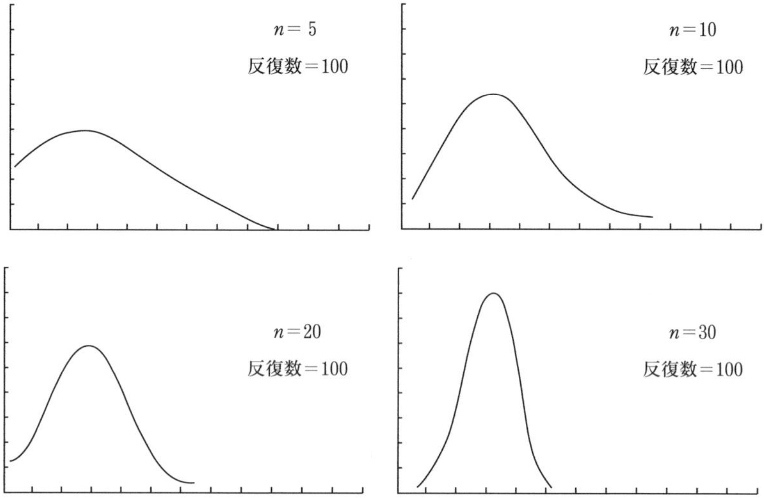


法則です。

## 2 小さな標本の分布法則

ここでは標本が小さい時に用いられる分布について学びます。

### （1） *t* 分布

まず，正規分布した母集団があるとします。今，平均50，標準偏差10の正規母集団を $N(50, 10^2)$ と書くことにします。$10^2$ は分散を表します。

この中から大きさ $n = 5$ の標本を前と同じように何回も取り出して次の式によって度数分布図を描いてみます。

$$t = \frac{\bar{x} - \mu}{\frac{s_x}{\sqrt{n}}} \quad \cdots\cdots\cdots\cdots\cdots\cdots\cdots\cdots\cdots\cdots\cdots\cdots (12.1\text{式})$$

つまり　$$t = \frac{（標本平均－母集団平均値）}{\frac{標本標準偏差}{\sqrt{標本数}}}$$

すると，度数分布は図12－５のようになります。$n$ を６，７，８，９，10…30…というように増やしてゆき，そのつど，分布を描きます。こうすると図のような自由度 $n-1$ の $t$ 分布が得られます。標本数が大きい時は正規分布に近くなりますが，小さい時は（例えば $n$ が10以下くらいだと）かなり違った形になります。$n$ が30くらいになると正規分布と大体同じになります。

**図12－５　$t$ 分布の例**

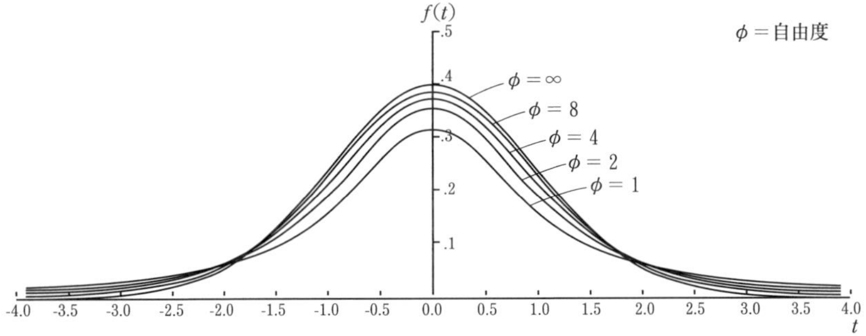


$t$ 分布は統計的推定や検定に多用されます。しかし $t$ 分布の確率を計算するための計算は複雑ですから，所定の確率の値に対応する $t$ の値を自由度別に示す数表が作られています（巻末の付表３）。

今，母集団平均値が３の時に，実際のデータを９例調査したところ平均が６，分散が $3.42^2$ だったとします。ここで12.1式に代入して $t$ 値を計算してみましょう。

$$t_0 = \frac{6-3}{\frac{3.42}{\sqrt{9}}} = 2.774$$

です。$t$ 分布表を見ます。自由度 $9-1=8$ の行を見ると $t(\phi=8,\ \alpha=0.05) = 2.306$ で，つまり，統計量としては $t=2.774$ よりも大きな $t$ 値を得る確率は図12－６に示すように小さくなります。

$$t_0 = 2.774 > t\ (\phi = 8\ ,\ \alpha = 0.05) = 2.306$$

図12－6　$t$ 分布.975の上側確率

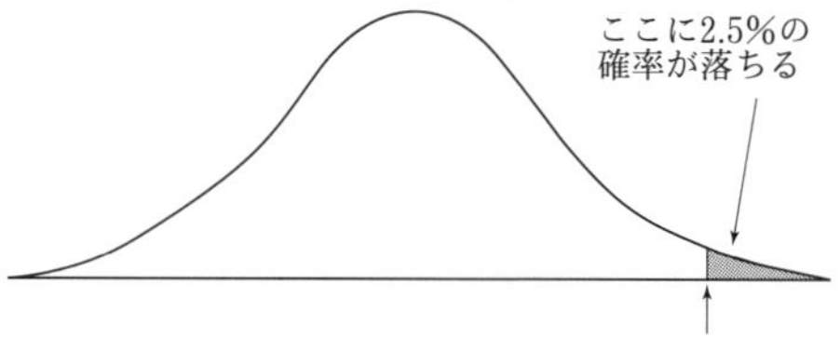


こうした，$t$ 値の使い方が次の推定と検定で重要になります。

### （2） $\chi^2$ 分布

前の例と同じようにして，標本分散の分布を調べます。大きさ $n=5$ の標本の値を何度も次の式に入れて，母集団の分散に対する標本のバラツキを $\chi^2$ 値として求めて，度数分布を描いてみます。

$$\chi^2=\frac{\Sigma(x_i-\bar{x})^2}{\sigma^2}=\frac{(\text{偏差平方和})}{(\text{母集団分散})} \quad \cdots\cdots\cdots(12.2\text{式})$$

すると，図12－7のような特有の分布が描かれます。これを，自由度4（$\phi=5-1=4$）の $\chi^2$ 分布と言います。さらに標本の数を6，7，8，9，10……と増やしてゆくとこの分布は山が低く扁平になっていき，標本数を4，3，2，と減らしていくと0.0のあたりが大きくなっていきます。

$t$ 分布と同じように $\chi^2$ 分布の形は自由度によって異なります。一般には特定の確率が多用されるので巻末の付表4にあるように，1，2.5，5，10，90，95，97.5，99%などの確率を表す $\chi^2$ の値が示されています。

### （3） $F$ 分布

標本分散 ${s_x}^2$ の分布は12.2式のように母集団分散との比をとると $\chi^2$ 分布に従いました。ところが実際には2つの標本分散の比を用いることがたくさんあるのでそのための特別の分布としての $F$ 分布を学んでおきましょう。

$F$ 分布とは2つの確率変数 $U$, $V$ がそれぞれ独立に自由度 $\phi_1$, $\phi_2$ の $\chi^2$ 分布に従う時にその比によって得られる確率変数の分布を言います。

**図12－7　$\chi^2$ 分布の例**

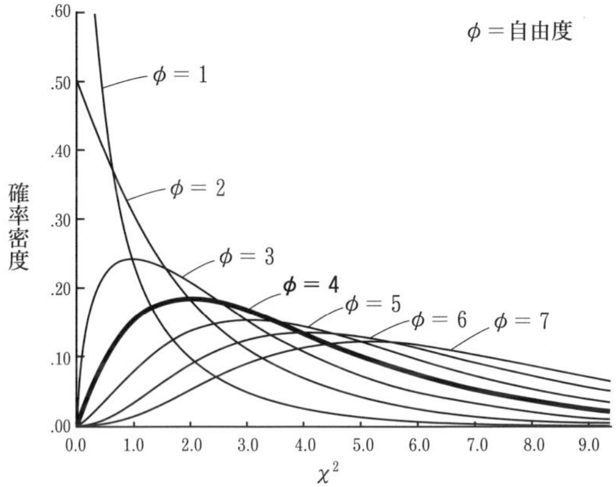


**図12－8　$F$ 分布の例**

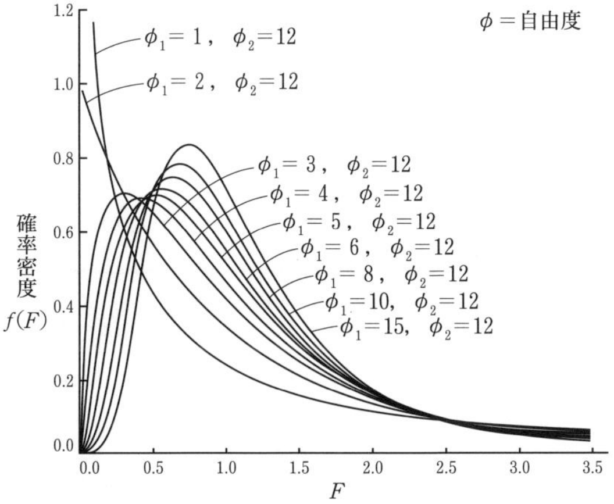


$$F = \frac{\left(\dfrac{U}{\phi_1}\right)}{\left(\dfrac{V}{\phi_2}\right)} \quad \cdots\cdots\cdots\cdots\cdots\cdots\cdots\cdots\cdots\cdots\cdots\cdots (12.3式)$$

図12－8には$F$分布の例が示してあります。

この分布は，ここで大きさ$n_1$の母集団分散$\sigma_1{}^2$から抽出した標本分散を$s_1{}^2$と

し，大きさ $n_2$ の母集団の分散を $\sigma_2{}^2$，標本分散を $s_2{}^2$ と表すと，

$$U = \frac{n_1 s_1{}^2}{\sigma_1^2} \quad と \quad V = \frac{n_2 s_2{}^2}{\sigma_2{}^2} \quad \cdots\cdots\cdots\cdots\cdots\cdots\cdots (12.4式)$$

がそれぞれの自由度を $\phi_1 = n_1 - 1$, $\phi_2 = n_2 - 1$ の $\chi^2$ 分布に従うとした時に，前の式を代入して，

$$F = \frac{\dfrac{n_1 s_1{}^2}{(n_1 - 1)\sigma_1{}^2}}{\dfrac{n_2 s_2{}^2}{(n_2 - 1)\sigma_2{}^2}} \quad \cdots\cdots\cdots\cdots\cdots\cdots\cdots\cdots\cdots\cdots\cdots (12.5式)$$

このF統計量は $\phi_1$, $\phi_2$ の $F$ 分布に従います。

ここでもし，$\sigma_1{}^2 = \sigma_2{}^2$ ですと，

$$F = \frac{\dfrac{n_1 s_1{}^2}{(n_1 - 1)}}{\dfrac{n_2 s_2{}^2}{(n_2 - 1)}} = \frac{s'^2_1}{s'^2_2} \quad \cdots\cdots\cdots\cdots\cdots\cdots\cdots\cdots\cdots (12.6式)$$

となります。$s'^2$ は $n$ の代わりに（$n-1$）を用いた不偏分散です。

$F$ 分布についても，$t$ 分布，$\chi^2$ 分布と同じように，利用に便利な数表が巻末の付表5に用意されています。この表から $F$ 値を読み取るには，２つの自由度（$\phi_1$, $\phi_2$）の組み合わせで $F$ 分布の上側確率を $\alpha = 0.05$ とか $\alpha = 0.01$ とした時の $F$ 値を参照します。

例えば，自由度が $\phi_1 = 8$, $\phi_2 = 12$ なら $F$ 値は上側確率 $\alpha = 0.01$ に対しては $F = 4.50$ です。これは２つの標本の分散の比が4.50より大きくなる確率は0.01であることを意味しています。

さらに0.05の場合にはこの巻末の付表５－１によれば $F = 2.85$ ということになります。

# 第13章　仮説を検定する方法

## 1 帰無仮説（$H_0$）と対立仮説

未知である母集団の統計的性質（母集団の平均値など）を知るために母集団から標本を抽出します。仮説検定では，母集団ではデータは正規分布していると考えて，その母数（パラメータ）である平均値や分散を仮定し検討します。そしてこの仮定（仮説）を棄てるか否かを標本から得た統計量の値を用いて判定します。これを仮説検定と言います。

〔例13－1〕

ある地区で7歳の女子を無作為に30人抽出して身長を測ったら，平均が120cmでした。全国平均（これを母集団として考えておく）は121.8cmで，標準偏差は5cmでした。

ここで，この地区の7歳女子の身長は全国平均と比べて低いと言えますか？

標本平均は120cmで全国平均より低い値ですが，ここでは仮に，この地区の7歳児全員の母集団の平均値（$\mu$）を想定して全国値（121.8cm）に等しいとしておきます。仮説を

$$H_0 : \mu = 121.8$$

と書き，この仮説を帰無仮説と呼びます。帰無仮説はもっぱら棄却する（無に帰する）ための仮説です。

これに対して

$$H_1 : \mu < 121.8$$

を対立仮説と言います。「ある地区の母集団の平均値が全国値より低い」という主張を立証するためには，$H_0$ を棄て，$H_1$ を採択したいわけです。

さて，この $H_0$ の仮説のもとで，標本平均 $\bar{x}$ が出やすい値か，あるいはまれに

しか出ない値かを検証しましょう。それには，一般的に$\bar{x}$の出現のしかた（確率）の分布を知らなくてはなりません。前に学んだことですが，正規母集団$N(\mu,\ \sigma^2)$から抽出した，標本数$n$の$\bar{x}$の分布は$N(\mu,\ \frac{\sigma^2}{n})$でした。ここでは，正規分布を仮定していますから，$z_0$の値に変換してみます。

$$z_0 = \frac{\bar{x}-\mu}{\frac{\sigma}{\sqrt{n}}} = \frac{120-121.8}{\frac{5.0}{\sqrt{30}}} = -1.972$$

となります。ここで，$z_0$が$-1.972$より小さくなるのは，巻末の付表2より

$$P_r\{\bar{x} < 120\} = P_r\{z < -1.972\} = 0.0244$$

となります。この計算は，正規分布表の$z$値の1.972に対応する確率の0.4756を探し，0.5との差を求めたものです。

これは100回に2.4回くらいしか起こらない確率です。

仮説検定では一般に5％と1％の水準を設けます。この場合には5％という水準よりは小さい確率でしかこの小学校の値121.8㎝は出現しないわけです。

というわけで，$H_0: \mu = 121.8$は棄却して，$H_1: \mu < 121.8$を採用します。

このように有意水準（5％や1％）で$H_0$が棄却された時，仮説検定の結果は有意水準5％で「有意である」と言います。

ここで，

$H_1: \mu < 121.8$　　とした場合と

$H_1: \mu \neq 121.8$　　とした場合の違いを説明しておきます。

$\mu < 121.8$は，$\bar{x}$が121.8より小さな値をとる可能性しか考えない時ですから，図13－1のように棄却域を左側にのみ仮定しています。もし，$H_1: \mu > 121.8$なら，右側のみに棄却域を考えます。$H_1: \mu \neq 121.8$は，$\bar{x}$が121.8より大きいことも小さいこともある，ということなので両側に棄却域をとります。

**図13－1**　$z = -1.972$ の位置と確率

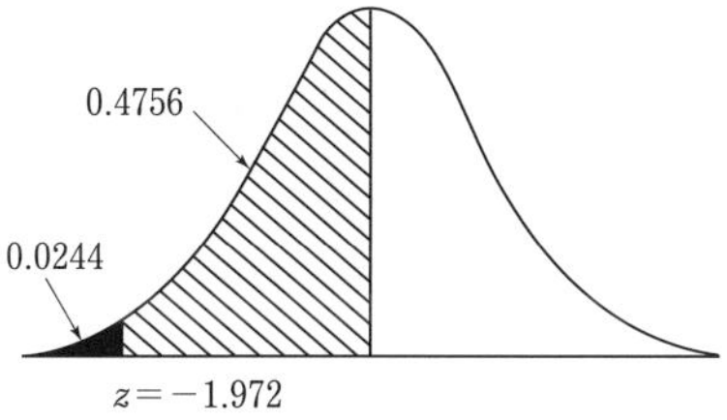


## 2 危険率

統計的仮説を採択したり，棄却したりする際に，その判断が誤る確率を危険率と言います。危険率は区切りのよい数字で表現する場合が多く，一般に５％や１％が用いられます。図13－２の棄却域の大きさがその程度を表しています。

**図13－2**　５％両側検定の場合

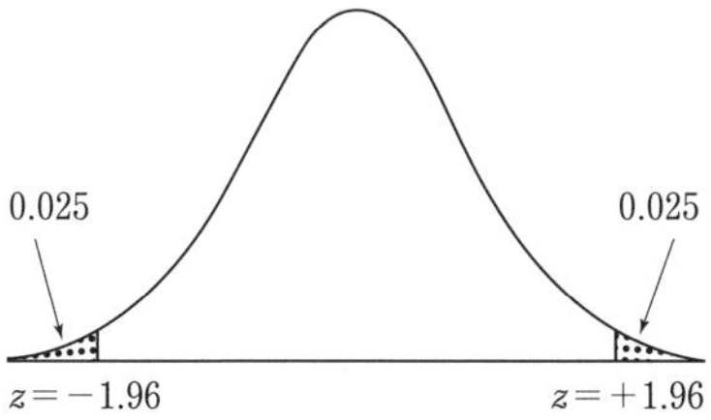


## 3 仮説検定の形式

仮説検定の形式は次のような手順になっています。

①　帰無仮説と対立仮説を立てます。いま，A，Bそれぞれの母集団平均値に差があるか否かを検定したいとすると，

$H_0 : \mu_A = \mu_B$　　（帰無仮説）

$H_1 : \mu_A \neq \mu_B$　　（対立仮説）（$\mu_A < \mu_B$ とか $\mu_A > \mu_B$）

②　危険率の水準を決定します。どの程度の判断の誤りを基準とするかをあらかじめ決めておきます。

$\alpha = 0.05$ とか $\alpha = 0.01$

③　データから仮説検定に必要な統計量（例えば $z_0$, $\chi_0^2$, $F_0$, $t_0$ 値など）を計算します。

④　この統計量が，例えば分布表の所定の値未満ならば，$H_0$ を棄却し $H_1$ を採択して「有意差がある」と判断します。

## 4 両側検定と片側検定

①　「学習塾に通っている子の方が通っていない子より有意に成績が良い」か，あるいは反対に「学習塾に通っていない子の方が通っている子より成績が良い」のどちらが起こるだろう。

②　「学習塾に通っている子の方が通っていない子より成績が良い」であろう。

①では，「学習塾に通っていてもいなくても」どちらの群の成績が良くても，両群に差が認められればよいのに対して，②では「学習塾に通っている」方が成績が良くなくてはいけないという仮説になっています。①を検定するのを両側検定，②を片側検定と言います。当然①の方が仮説検定上は慎重な態度ということになります。両側検定では帰無仮説を棄却するのに図13－3のように，分布の両方の裾のどちらかに含まれる可能性を検定することになります。ここでは差の方向についてなんら予想を立てない時に用いる検定であると言えます。これに対して「学習塾に通っているのだから成績は良いはずだ」という信念から仮説を特定の方向だけに予想した検定を片側検定と言います。図13－4のように分布の左側には仮説を立てないという確信がなければなりません。いま仮に $t$ 分布を利用した検定で，自由度を60として $t$ 分布表を参照すると，$t(\phi = 60,\ \alpha = 0.05) = 2.000$ です。

$t$ 分布表は両側検定用に作られていますので，図13－3のように左右両側の面積の和が5％となるところが $t = 2.000$ というわけです。もし片側検定をする場合ならば，棄却域は片側だけで分布の面積の5％を占めますから，分布表では $\alpha = 0.05 \times 2 = 0.1$ の列を参照することになります。したがって片側検定なら $t(\phi = 60,\ \alpha = 0.05) = 1.671$ ということになりますので，$H_0$ はより棄却されやすくなります。

**図13－3　両側検定のイメージ**

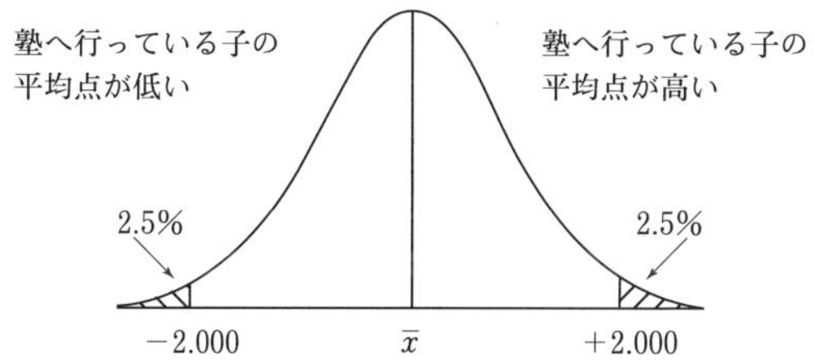


**図13－4　片側検定のイメージ**

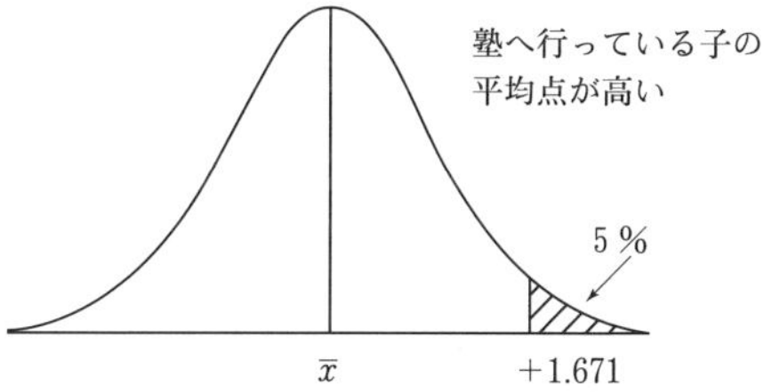


## 5 第１種の過誤と第２種の過誤

仮説には $H_0$（差がない）と $H_1$（差がある）の２通りあります。これらの仮説の判定の基準，危険率（５％や１％を用いることが多い）に従って，$H_0$ または $H_1$ が採用されます。第１種の過誤（エラー１としておきます）は，$H_0$ が成立しているのに判断を誤ること，第２種の過誤（エラー２）は $H_1$ が成立しているのにその判断を誤ることを言います。

つまり，$H_0$（差がない）が正しいのに，$H_0$ を棄てて「差がある」と言ってしまった場合と，$H_1$（差がある）が正しいのに $H_1$ を採択しないで「差がない」と言ってしまった場合です。第１種の過誤を避けようとすれば危険率を小さくしていけばよいのですが，そうするとどんどん第２種の過誤が大きくなります。エラー１とエラー２は矛盾しますので大変やっかいです。エラー１をおかす確率は $H_0$ を棄却する確率ですからこれは有意水準 $\alpha$ と等しいのです。一方，エラー２をおかす確率は $\beta$ と表します。そして $1-\beta$ を検出力と呼びます。$1-\beta$ は $H_1$「差がある」のに「差がない」と言ってしまうエラーをおかさない確率です。つまり検定力とは「差がある」時に，判断を誤って「差がない」と言ってしまわない「正しく仮説を検出しうる能力」という概念です。もちろん，検出力は１に近いほどいいわけです。例えば，ある仮説を検定するのに，片側検定にするのか両側検定にするのかによって，検定方式が少し異なりますから，検出力から見て，どちらがよいかを判定することがあります。

## 6「有意」という言葉の意味は

「統計的に有意の差が認められた」とはどのような意味を持つのでしょうか。「５％の危険率で帰無仮説を棄却した」ということと「有意水準５％において有意である」とは同等の意味を持っています。「有意」とは，実際のデータから計算された平均の差や分散比などの統計量が帰無仮説を棄却するだけの統計的な意味を持っているということなのです。反対に帰無仮説を棄却できなければ「有意ではない」と言います。**有意水準**とは標本の情報を用いて帰無仮説のシロ，クロを判断する可能性（確率）のことなのです。

## 7 有意水準は何％にしたらよいか

「疑わしきは見のがす」態度が必要ならば，エラー１の過誤を小さくするのを重視します。危険率（$\alpha$）を10％よりは５％，さらに１％，0.1％と小さくしてゆくことが望ましいのです。たとえるならば「犯罪を調査」する場合には「疑わしきは罰せず」式に考えて，本当の犯人と断定できるまで調査を絞り込んでゆきます。そして最後に犯人を断定して逮捕するわけです。このように，早とちりや見込み逮捕が許されない状況では，危険率は低くするべきです。

反対に「容疑者や参考人調査」では疑わしい人の枠は大きいことが「取りこぼし」を防ぐために必要です。この場合にはエラー１には寛大な態度をとって10％とか場合によっては20％の危険率でもよいこととなります。

有意水準（危険率）は判断すべき状況によって「犯人逮捕」なのか「参考人調査」なのかを考慮して決定するべきでしょう。

# 第14章　平均の検定と推定

平均は日常生活で最もよく用いられる統計量です。私たちは平均を比較することで，いろいろな事柄を判断し，行動しています。例えば洋服を購入する際に，Ａデパートより B マーケットの値段（平均価格）が安いから買い物は B でするとか，C大学よりD大学の方が偏差値が高い，というような比較は誰しも経験しています。

平均の比較は生活上でも，ビジネスでもとても重要です。ここではこの方法を4つのタイプに分けて学びます。

平均の比較には前に学んだ正規分布と $t$（ティ）分布を用いた検定方式を使います。

① 正規分布を用いる検定を $z$（ゼット）検定と言い，母集団の分散（標準偏差）が既知の場合に利用します（タイプ１の検定と呼んでおきます）。

② $t$ 分布を用いる検定を $t$ 検定と言い，母集団の分散（標準偏差）が未知の場合に利用します。これはさらに，「データに対応がある場合の検定」（タイプ４の検定）と，「ない場合の検定」（タイプ２と３）に分類します。

③ 対応がない場合にはさらに，「分散が等しい場合」（タイプ２）と「等しくない場合」（タイプ３）によって検定方式を選択します。

④ また，「両側検定か片側検定か」という選択がこれらのタイプのすべてに対して行われます。これらのうちのどの検定方式をとるかによって検定結果が異なってきます。適切な検定方式を選べるようにしましょう。一般的には，２群の比較では，タイプ２の両側検定が多く行われており，実験研究などでは，同一個体を実験の前と後で比較するなどの時にタイプ４の片側または両側検定が行われていることが多いようです。

## 1 タイプ１の検定問題―母集団の分散（標準偏差）が分かっている時：$z$ 検定

「A高校３年生の男子を40人選んで身長を測ってみました。すると，平均168 cmでした。そこで，全国の高校３年生の平均値を調べると170cmで標準偏差は４cmでした。ここで，『A高校の男子は全国平均値と差がある』あるいは『全国値より小さい』と言えるでしょうか。」

ここでは，全国値を母集団平均値$\mu$，および母集団標準偏差$\sigma$が既に分かっていると考えておきます。母集団の分散（標準偏差）が分かっている時には，正規分布を用いた検定方式をとります。次の形式で検定します。

① 仮説を立てます。

帰無仮説：全国の母集団の平均値（$\mu$）とA高校の母集団平均値($\mu_A$)は等しい。

$$H_0 : \mu = \mu_A$$

対立仮説：全国の母集団の平均値とA高校の母集団の平均値は等しくない

$$H_1 : \mu \neq \mu_A$$

② 危険率$\alpha$を決めます。ここでは$\alpha = 5\%$としておきます。１％や0.1％を用いることもあります。

③ 検定するための統計量を計算します。正規分布を利用するので$z_0$を求めます。

$$\boldsymbol{z_0 = \frac{\mu - \bar{x}_A}{\frac{\sigma}{\sqrt{n}}}} \quad (\bar{x}_A = \text{A校の標本平均}) \cdots (14.1式)$$

$$z_0 = \frac{\text{母集団平均値} - \text{標本平均値}}{\frac{\text{母集団標準偏差}}{\sqrt{\text{標本のデータ数}}}}$$

ここでは，次のように計算します。

$$z_0 = \frac{170 - 168}{\frac{4}{\sqrt{40}}} = 3.162$$

④　正規分布表から危険率 $\alpha = 0.05$ に対する値を読み取ります。

$$z(\alpha = 0.05) = 1.96 \text{ です。}$$

⑤　検定を行います。正規分布を用いた検定を $z$ 検定とも言います。

検定は $z(\alpha = 0.05) = 1.96$ と③で得られた値 $z_0$ とを比較して

$z_0 < 1.96$ なら帰無仮説を採択して，有意差がない。

$z_0 \geqq 1.96$ なら帰無仮説を棄却して，対立仮説を採択して，「有意差がある」。

と検定します。

ここでは，帰無仮説は棄却され，対立仮説が採択されますので，「有意差がある」と検定されます。もちろん，「全国値より低い」わけです。

ここで行った検定は両側検定でした。これに対して，今度は片側検定をしてみます。片側検定は正規分布の片側，この場合は「全国値よりもＡ高校の方が低い」という仮説のみを立てます。したがって，正規分布の片側にしか５％の棄却域を設けませんので，$z$ の確率が0.450にあたるところを読み取ります。

$$z(2\alpha = 0.05) = 1.645$$

が読み取れます（図14－１）。つまり，検定に当たっては1.645より $|z_0|$ が大きければ，「有意差がある」と判定されます。

このように，片側検定の方が，有意差が検出されやすくなるわけです。

**図14－１　片側検定の５％**

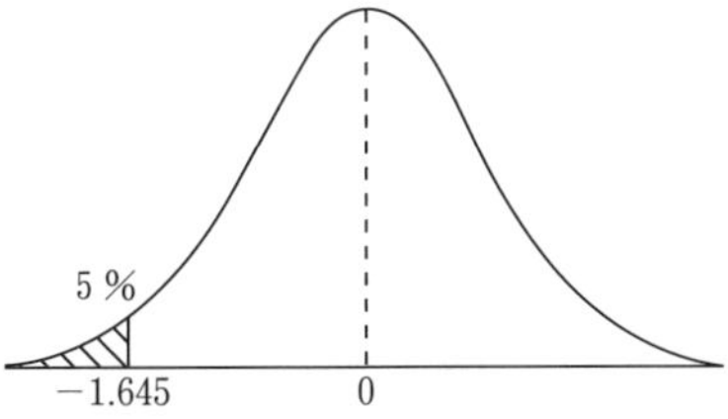


## 2 タイプ２の検定問題―母集団の分散（標準偏差）は分かっていないが，比較する２つの分散（標準偏差）が等しいと考えられる時：データに対応のない場合の $t$ 検定

「Ａ高校３年生女子の身長を30人測ると，平均161㎝，不偏標準偏差* ５㎝でし

た。一方，Ｂ高校では32人の３年生女子の平均は160.5㎝，不偏標準偏差は4.5㎝でした。このふたつのグループに危険率５％で有意差は見いだせるでしょうか。」

---

＊この章で説明する平均値の差の検定や推定では分散，標準偏差の代わりに不偏分散，不偏標準偏差などという言い方をする統計量を使うことがあります。計算する上ではデータ数 $n$ の代わりに $n-1$ を用います。ここでは不偏分散を $s_x'^2$，不偏標準偏差を $s_x'$ と表すことにします。

$$s_x' = \sqrt{\frac{\Sigma x^2 - \frac{(\Sigma x)^2}{n}}{n-1}} \quad \cdots\cdots\cdots\cdots\cdots\cdots\cdots\cdots\cdots\cdots\cdots\cdots (14.2式)$$

なお，データ数が30例を超える時には，$n-1$ を用いず $n$ を用いることが多い。

---

この問題では，母集団の情報が分かりませんから正規分布を用いた検定は使わずに，$t$ 分布を用います。しかも，データＡとＢのグループがそれぞれ独立していて，対応がありません。そういう条件の下での検定です。平均を比較する問題では最もこの種のタイプが多いようです。例えば，Ａ社とＢ社の比較とか，実験グループと非実験グループの比較などは多くがこのタイプが用いられます。例題では，次のような手順になります。

① 仮説を立てます。

帰無仮説：

$H_0 : \mu_A = \mu_B$ （Ａ高校の母集団平均値とＢ高校母集団の平均値は等しい）

対立仮説：

$H_1 : \mu_A \neq \mu_B$ （Ａ高校の母集団平均値とＢ高校母集団の平均値は等しくない）

② 危険率 $\alpha$ を決めます。ここでは $\alpha = 5$ ％としておきます。

③ 検定するための統計量を求めます。

$$\boldsymbol{t_0 = \frac{\bar{x}_A - \bar{x}_B}{\sqrt{\left(\frac{n_A \cdot s_A'^2 + n_B \cdot s_B'^2}{n_A + n_B - 2}\right)\left(\frac{1}{n_A} + \frac{1}{n_B}\right)}}} \quad (14.3式)$$

$$t_0 = \frac{\text{Aの平均}-\text{Bの平均}}{\sqrt{\left(\frac{\text{Aのデータ数}\times\text{Aの不偏分散}+\text{Bのデータ数}\times\text{Bの不偏分散}}{\text{Aのデータ数}+\text{Bのデータ数}-2}\right)\left(\frac{1}{\text{Aのデータ数}}+\frac{1}{\text{Bのデータ数}}\right)}}$$

$$t_0 = \frac{161-160.5}{\sqrt{\left(\frac{30\times5^2+32\times4.5^2}{30+32-2}\right)\left(\frac{1}{30}+\frac{1}{32}\right)}} = 0.4075$$

④　巻末の付表3の $t$ 分布表から危険率 $\alpha=0.05$ に対する値を読み取ります。

$t$ 分布表から $\phi$（自由度）＝30（A高校のデータ数）＋32（B高校のデータ数）－2（グループの数）＝60としてみると，

$t$（$\phi=60,\ \alpha=0.05$）$=2.000$　です。

⑤　検定を行います。

検定は $t=2.000$ と③で得られた $t_0$ 値とを比較して

$t_0<2.000$ なら帰無仮説を採択して，「有意差がない」，

$t_0\geqq2.000$ なら帰無仮説を棄却し，対立仮説を採択して，「有意差がある」，と検定します。

ここでは，$t_0$ は0.4075ですから，帰無仮説は採択されますので，「有意差がない」と検定します。

## 3　タイプ3の検定問題―母集団の分散（標準偏差）が分かっていないで，比較する2つの分散（標準偏差）が等しくないと考えられる時：データに対応のない場合の $t$ 検定（ウェルチの検定法）

「A地区男子の身長を40人測ると，平均170㎝，不偏標準偏差（$s'$）5㎝でした。一方，B地区男子40人の平均は161㎝，不偏標準偏差（$s'$）は9㎝で，この2つのグループの分散は等しくないことが後出の $F$ 検定の結果で分かりました。この2つのグループ間に危険率5％で有意差は見いだせるでしょうか。」

この問題は，母集団の分散が分かりませんから正規分布を用いた検定は使わずに，$t$ 分布を用います。しかも，データAとBのグループがそれぞれ独立していて，対応がありません。さらに，重要なことは，「2つのグループの分散が等しくない」ということです。もちろんこのことを判定するためには前もって「両群

が等分散かどうか」の検定が行われていることが前提になっています。これについては117ページで説明します。ここでは，等分散ではないとして話を進めます。そういう条件の下での検定です。平均を比較する問題ではしばしばこのように2つのグループの分散が等しくない場合に出くわします。さて，この例題では，次のような手順になります。

① 仮説を立てます。これは，前の場合と同じです

帰無仮説：A地区男子の母集団平均値とB地区男子母集団の平均値は等しい。

$$H_0 : \mu_A = \mu_B$$

対立仮説：A地区男子の母集団平均値とB地区男子母集団の平均値は等しくない。

$$H_1 : \mu_A \neq \mu_B$$

② 危険率$\alpha$を決めます。ここでは$\alpha = 5$％としておきます。1％や0.1％を用いることもあります。

③ 検定するための統計量を求めます。$t$分布を利用するので，$t_0$を求めます。

$$\boldsymbol{t_0 = \frac{\bar{x}_A - \bar{x}_B}{\sqrt{\frac{s'^2_A}{n_A} + \frac{s'^2_B}{n_B}}}} \quad \cdots\cdots\cdots\cdots (14.4式)$$

$$t_0 = \frac{\text{Aの平均} - \text{Bの平均}}{\sqrt{\frac{\text{Aの不偏分散}}{\text{Aのデータ数}} + \frac{\text{Bの不偏分散}}{\text{Bのデータ数}}}}$$

このデータでは次のように計算します（30例以上なら不偏分散でなく分散を用いてもかまいません）。

$$t_0 = \frac{170 - 161}{\sqrt{\frac{5^2}{40} + \frac{9^2}{40}}} = 5.529$$

④ $t$分布表から危険率$\alpha = 0.05$に対する値を読み取るのに先立って自由度を別に計算しておきます。

$$\phi = \frac{1}{\sqrt{\dfrac{c^2}{n_A - 1} + \dfrac{(1-c)^2}{n_B - 1}}}$$ ……………………(14.5式)

ここで $c$ を次の式で計算しておきます。

$$c = \frac{\dfrac{s'^2_A}{n_A}}{\dfrac{s'^2_A}{n_A} + \dfrac{s'^2_B}{n_B}} \quad (s'^2_A > s'^2_B)$$ ………………(14.6式)

$t$ 分布表から危険率 $\alpha = 0.05$ に対する値を読み取りますが，検定に利用する自由度が $t$ 分布表にない場合は近い値を利用してください。

$t_0$ と $t$（$\phi$，$\alpha = 0.05$）を比較して，$t_0 \geqq t$ であれば帰無仮説を棄却して，対立仮説を採択し，有意差があると検定します。もし，$t_0 < t$ であれば帰無仮説を採択し，有意差がないと検定します。

ここでは，（$\phi = 7.8$，$\alpha = 0.05$）に該当する $t$ 値が $t$ 分布表にありませんので，近似的に $t = 2.365$〜$2.306$ を参照します。

$t_0 = 5.529$ ですから上の値よりもずっと大きいですね。したがって，帰無仮説を棄却して，対立仮説を採択し，「有意差がある」と検定します。この場合は両側検定ですが，両側検定で有意であるということは，片側検定でも有意になります。

## 4 タイプ４の検定問題―２つのデータに対応がある場合の $t$ 検定

このタイプの検定は前の３種類の検定を「対応のないデータの平均の差の検定」と呼ぶのに対して，「対応のあるデータの差の平均」の検定と言えます。「対応のある」とは同一標本について２時点で測定した場合，例えば研修前の社員全員にテストをしておき，研修後にもう一度同一テストをして両者を比較するような場合を指します。子どもの発育・発達や実験の前後の比較をする場合にはよくタイプ４の $t$ 検定が用いられます。このタイプでは分散が等しいとか等しくないとかは問題にする必要はありません。

では手順を示しましょう。

①　仮説を立てます。

$H_0 : \mu_d = 0$　　　　$d$ とは時点 $t_0$ と $t_1$ とのデータの差

$H_1 : \mu_d \neq 0$　　　　$\mu_d$ は $d_i(i = 1,\ 2\cdots\cdots n)$ の平均

② 危険率を求めます。 $\alpha = 0.05$

③ $t_0$ を計算します。

時点 $t_0$ と $t_1$ のデータの差を $d$ とします。

$$\boldsymbol{t_0 = \frac{\overline{d}}{\sqrt{\dfrac{s_{d_i}'^2}{n}}}} \quad \cdots\cdots\cdots\cdots\cdots\cdots\cdots\cdots\cdots\cdots\cdots\cdots (14.7式)$$

$$t_0 = \frac{2\text{時点間の差の平均}}{\sqrt{\dfrac{2\text{時点間の差の不偏分散}}{\text{データ数}}}}$$

④ 検定をします

④－1　$t$ 分布表から $\phi = n - 1$ として $t(\phi,\ \alpha)$ を読み取ります。タイプ 4 のデータ例では $t(\phi = 4,\ \alpha = 0.05) = 2.776$ となります。

④－2　$|t_0|$ と $t(\phi,\ \alpha)$ を比較します。

$|t_0| \geqq t(\phi,\ \alpha) \rightarrow H_0$ を棄却する（差は有意と判定される）

$|t_0| < t(\phi,\ \alpha) \rightarrow H_0$ を採択する

次のデータを用いて計算してみましょう。

データ例

| 研修前のテスト（$t_1$） | 研修後のテスト（$t_2$） | $\|d\|$ | $d^2$ |
|---|---|---|---|
| 150 | 152 | 2 | 4 |
| 160 | 163 | 3 | 9 |
| 163 | 167 | 4 | 16 |
| 155 | 160 | 5 | 25 |
| 162 | 163 | 1 | 1 |
| | Σ | 15 | 55 |

上の計算から

$$\overline{d} = \frac{15}{5} = 3$$

差 $d$ の $s_d'^2$（不偏分散）を次のように求めます。

$$s_d'^2 = \frac{\Sigma d_i{}^2 - \frac{(\Sigma d_i)^2}{n}}{n-1} = \frac{55-\frac{15^2}{5}}{4} = 2.5$$

よって14.7式に上記の数値を代入して

$$t_0 = \frac{3}{\sqrt{\frac{2.5}{5}}} = 4.243$$

が得られます。

したがって検定結果は

$$t_0 = 4.243 > t(\phi = 4,\ \alpha = 0.05) = 2.776$$

となりますので，$H_0$ は棄却され，２時点間の差は有意であると結論されます。

## 5 平均の比較をする前に行う分散の比の検定

ここでは第12章で述べた $F$ 分布を応用します。

〔例14－１〕

２人の社員の一週間の販売点数の成績があります。さて，A君とB君ではどちらが成績のバラツキが大きいでしょうか。

| | Aさん | Bさん |
|---|---|---|
| 第１週 | 50点 | 90点 |
| ２週 | 70 | 40 |
| ３週 | 60 | データ不明 |
| 平均点 | 60 | 65 |

まずは不偏分散を計算しておきます。次式でAとBの $s'^2$ を求めます。

$$s_x'^2 = \frac{\Sigma x^2 - \frac{(\Sigma x)^2}{n}}{n-1} \quad \cdots\cdots(14.8式)$$

$$s_A'^2 = 100.05$$

$$s_B'^2 = 1250.0$$

分散の比較をするためには，この２つの不偏分散の比 $\frac{s_A'^2}{s_B'^2}$ をとります。

ところが，これは母集団からたまたま抽出されたデータを計算した値にすぎません。そこで $t$ 分布と同じように標本における分散の比がどのような分布をするのかが事前に分かっている必要があります。もし仮に100人の社員の販売成績を同じようにして何組もの組み合わせをつくって不偏分散同士の比を計算し，その値を度数分布に描くとどうなるでしょうか。すると図14－２のように1.0の周辺にピークの来る分布になります。もしここで不偏分散の大きい方を分子にとると，商（$F$ 値）は１以上になります。いま $s_A'^2 > s_B'^2$ として母分散で割った値によって $F$ 値を求めます。

$$\boldsymbol{F} = \frac{\left(\dfrac{\boldsymbol{s_A'^2}}{\boldsymbol{\sigma_A^2}}\right)}{\left(\dfrac{\boldsymbol{s_B'^2}}{\boldsymbol{\sigma_B^2}}\right)} \quad \cdots\cdots\cdots\cdots\cdots\cdots (14.9式)$$

こうして得られた数値を表にしたものを $F$ 分布表と言います。$F$ 分布表を読む時には若干の注意が必要です。ここでは $F$ が1.0より大きくなるように計算していますので，$F$ 分布表は図14－３の分布の右裾の $F_2$ の値のみを扱います。したがってこの場合には，$F$ 値による検定では５％の危険率を想定した場合には $F$ 分布表から2.5％水準の $F$ 値を参照します。

不偏分散の自由度は $\phi = n-1$ で求めますが，$F$ 検定では分子，分母２つの自由度があります。$F$ 分布表ではヨコに分母の自由度，タテに分子の自由度を参照します。例14－１では，Ａさんの自由度は２，Ｂさんのは１となります。

**図14－2**　$F$ 値の分布（$F$ 分布）

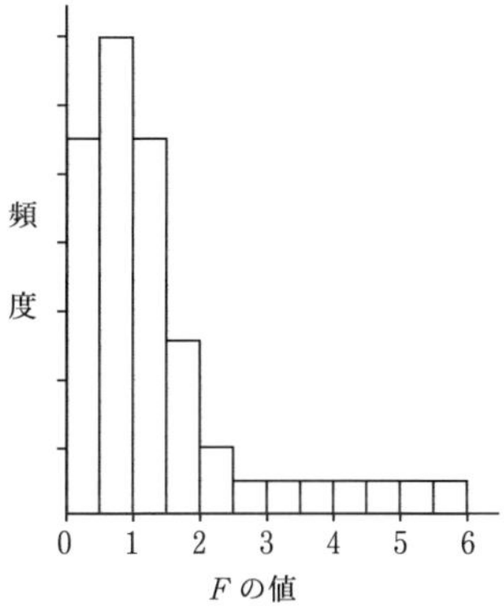


**図14－3**　$F$ 値の分布曲線

$F$ 分布表では $F_2$ のみを表示している

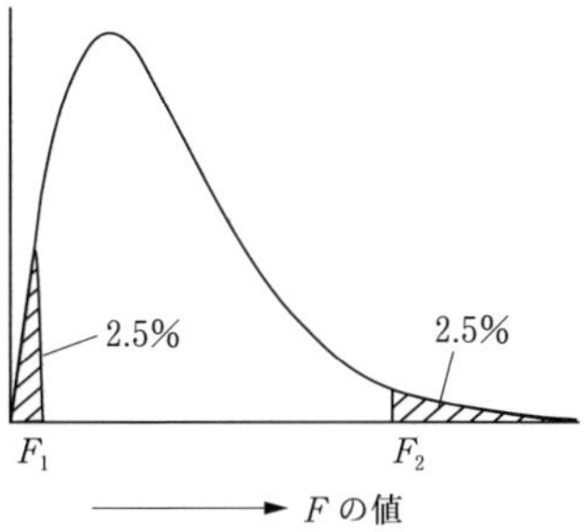


$F$ 分布表（2.5%点）では $F$ =38.5です。

**表14－1**　$F$ 分布の一部（2.5%）

| 分子の自由度 ＼ 分母の自由度 | 1 | 2 | 3 | 4 | 5 |
|---|---|---|---|---|---|
| 1 | 648 | 800 | 864 | 900 | 922 |
| 2 | 38.5 | 39.0 | 39.2 | 39.2 | 39.3 |
| 3 | 17.4 | 16.0 | 15.4 | 15.1 | 14.9 |
| 4 | 12.2 | 10.6 | 9.98 | 9.60 | 9.36 |
| 5 | 10.0 | 8.43 | 7.76 | 7.39 | 7.15 |

これは一括して次のように表現することにします。

$$F^{(\text{分子の自由度})}_{(\text{分母の自由度})}(\text{確率}) = F^{\phi=1}_{\phi=2}\left(\frac{\alpha}{2} = 0.025\right) = 38.5$$

それでは，例14－1に戻って，A，Bどちらのバラツキが大きいか検定（$F$検定）しましょう。

① 仮説を立てる

$$H_0 : {\sigma_A}^2 = {\sigma_B}^2$$

$$H_1 : {\sigma_A}^2 \neq {\sigma_B}^2$$

② 危険率を決める

$$\alpha = 0.05$$

③ $F_0$を計算する　$s'^2_B > s'^2_A$なら

$$F_0 = \frac{s'^2_B}{s'^2_A}$$

例14－1の数値を代入すると $\dfrac{1250.0}{100.05} = 12.49$

④ $F^{\phi 1}_{\phi 2}\left(\dfrac{\alpha}{2}\right)$を求める

$$F^{\phi 1=1}_{\phi 2=2}\left(\frac{\alpha}{2} = 0.025\right) = 38.5$$

$F_0 \geqq F^{\phi 1}_{\phi 2}\left(\dfrac{\alpha}{2}\right) \rightarrow H_0$を棄却する。$F_0 < F^{\phi 1}_{\phi 2}\left(\dfrac{\alpha}{2}\right) \rightarrow H_0$を採択する。

例14－1では

$F_0 = 12.49 < F^{\phi 1=1}_{\phi 2=2}\left(\dfrac{\alpha}{2} = 0.025\right) = 38.5 \rightarrow H_0$を採択する。

以上の結果から，B君の成績のバラツキがA君より有意に大きい，両者に差があるとは判定されないことになります。

**〔問題14－1〕**

Tという薬剤は血糖値を下げると言われています。一方Rという薬剤が近年になって開発されました。この新薬がTより効くと言えますか。次のデータを使って危険率5％で検定してください。

| | T薬剤 | R薬剤 |
|---|---|---|
| 平均低下血糖値 | 15±11mg/dl | 17±9mg/dl |
| 被験者 | 12人 | 9人 |

（平均±不偏標準偏差）

〔問題14－2〕

W地区とS地区の3DKのマンションの価格を調査したところ，以下のようなデータが得られました。W地区とS地区で平均価格に差があると言えますか。また，両群の販売価格のバラつきに差があると言えますか。2つの検定を危険率5％でしてみましょう。

W地区　平均価格　2546万円，不偏標準偏差　1106万円，n=20戸

S地区　平均価格　3015万円，不偏標準偏差　568万円，n=18戸

〔問題14－3〕

次のA課とB課のセールスマン各7人の1か月の売り上げの平均に差があると言えますか。5％危険率で検定してください。

A課　a　105万円，b　93万円，c　48万円，d　89万円，
　　　e　150万円，f　260万円，g　77万円

B課　a　62万円，b　81万円，c　55万円，d　269万円，
　　　e　156万円，f　142万円，g　111万円

〔問題14－4〕

KとMの2つの店のクロワッサン20個をそれぞれランダムに選びその重量を測ると次のようでした。両店の重量に差があると言えますか。危険率5％で検定してください。

K店　平均75g，不偏標準偏差2.0g

M店　平均77g，不偏標準偏差1.7g

〔問題14－5〕

成人6人の常温（摂氏20度）と高温（30度）における1分間の呼吸数を測ったところ，次のようでした。高温によって呼吸数が増加したと言えますか。

危険率5％で検定してください。

| 成人 | a | b | c | d | e | f |
|---|---|---|---|---|---|---|
| 20度 | 14 | 12 | 10 | 16 | 15 | 20 |
| 30度 | 15 | 14 | 13 | 20 | 15 | 21 |

〔問題14－6〕

小鳥の体重（単位g）を測ったところ次のようでした。オスとメスで平均に差がありますか。等分散性の検定をした上で，2群の平均を危険率5％で検定してください。

| | | | | | | | | | |
|---|---|---|---|---|---|---|---|---|---|
| オス | 74 | 77 | 82 | 80 | 88 | 93 | 91 | 86 | 以上8羽 |
| メス | 109 | 108 | 115 | 116 | 117 | 124 | 以上6羽 | | |

## 6 母集団の平均値を推定する

これまでに2つの平均の差を検定する方法を学んできましたが，ここでは標本の平均から母集団の平均値を推定してみます。

いま正規分布する母集団の平均値を$\mu$，標準偏差を$\sigma$とします。ここから$n$個のデータを抽出した平均を$\bar{x}$，標準偏差を$s_x$とします。ここで求める$t$値は次式のようになり，

$$t = \frac{\bar{x} - \mu}{\frac{s_x}{\sqrt{n}}} \quad \cdots\cdots\cdots\cdots\cdots\cdots\cdots\cdots\cdots\cdots\cdots\cdots\cdots (14.10式)$$

は自由度$n-1$の分布をしました。この$t$値は巻末の付表3に示したように，それぞれの確率（$\alpha$）に対応する$t$値が与えられています。例えば$n = 10$の時は自由度は$\phi = 10 - 1 = 9$ですから自由度9に対して$t$値は$\alpha = 0.1$の時に1.833，$\alpha = 0.05$の時に2.262と読めます。

$t(\phi = 9, \alpha = 0.1) = 1.833$，$t(\phi = 9, \alpha = 0.05) = 2.262$と書くことにします。

ここで$\alpha$は第一種の過誤の確率，判断を誤る確率ですから，反対に，判断を誤らない確率は$1 - \alpha$で得られます，つまり$1 - 0.1$なら90％は判断を誤らない確率ということになります。こうして$t$値はそれぞれ90％の範囲（信頼限界）の場合と95％の範囲（信頼限界）の場合では，以下の範囲に入ります。

$$-1.883 < t < +1.833 \text{ に}90\%$$

$$-2.262 < t < +2.262 \text{ に}95\%$$

さらに，90％の範囲（信頼限界）には上の式は次のように書き換えられます。

$$-1.883 < \frac{\bar{x}-\mu}{\frac{s_x}{\sqrt{n}}} < +1.883$$

95％の範囲（信頼限界）では

$$-2.262 < \frac{\bar{x}-\mu}{\frac{s_x}{\sqrt{n}}} < +2.262$$

となります。

－1.833と＋1.833の間に0.90の確率で，－2.262と＋2.262の間に95％の確率で母集団の平均値が入るという推測が成り立ちます。

では上の式 $s$ で $\mu$ について求めてみると，

$$\bar{x}-\frac{t\text{値}\cdot s_x}{\sqrt{n}} < \mu < \bar{x}+\frac{t\text{値}\cdot s_x}{\sqrt{n}} \quad \cdots\cdots\cdots\cdots\cdots(14.11\text{式})$$

上の式に $\bar{x}$（標本平均値），$s_x$（標本標準偏差），$n$（標本の数）を代入すれば，信頼限界に対応した信頼区間の上限値と下限値が計算できます。

次に例題で練習してみましょう。

**図14－4　信頼限界，信頼区間のイメージ**

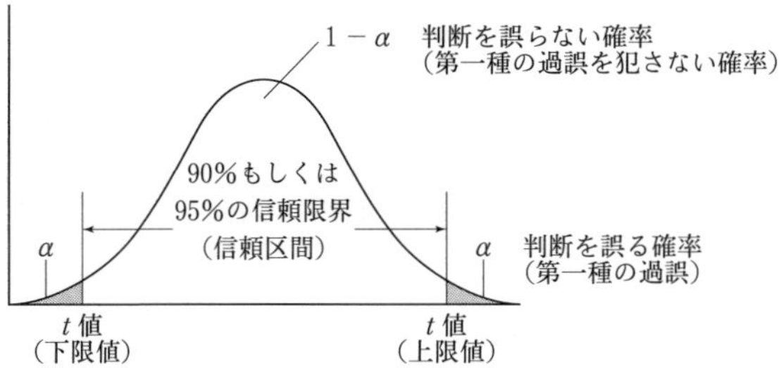

〔例14－2〕

ある地区の主婦を17人，無作為で標本抽出して1か月の携帯電話の通話料金を調べると，平均が7000円，標準偏差が500円でした。

これらのことからこの地区のすべての主婦（母集団）の1か月の平均通話料金を95％信頼係数の下で求めてください。

巻末の付表3の $t$ 分布表から95％信頼区間を求めると，自由度が16の時は，$t = 2.120$ ですから，$-2.120 < t < +2.120$ の間に $t$ 値が入ります。

そこで14.11式を使って求める区間は，

$$7000 - \frac{2.120 \times 500}{\sqrt{16}} < \mu < 7000 + \frac{2.120 \times 500}{\sqrt{16}}$$

ということになります。

これを計算すると，$6735 < \mu < 7265$ ですから，母平均を95％の信頼係数の下で区間推定すると平均値が入る区間は6735円から7265円の間であるということになります。

以上は小さな標本によって母集団の平均値を推定したい時に用いる方法でした。これに対して，大きな標本の場合（標本数が30以上の場合）には一般に次の式を使って母集団の平均値を推定します。その理由は次のようです。

標本数が30以上になると，$t$ 分布は正規分布（$z$ 分布）に非常に近くなります。だから $t$ 分布表の代わりに正規分布表を使ってよいでしょう。

こういうわけで14.11式の代わりに次の式を使います。

$$\bar{x} - \frac{z\,値 \cdot s_x}{\sqrt{n}} < \mu < \bar{x} + \frac{z\,値 \cdot s_x}{\sqrt{n}} \quad \cdots\cdots\cdots\cdots\cdots(14.12式)$$

ここで，$z$ を95％信頼係数とすれば，$z = 1.96$ ということになります。

〔例14－3〕

ある工場で作る蛍光灯の寿命を調べようとしました。そこで100本の蛍光灯を調べてみました。すると，平均は2000時間，標準偏差は250時間でした。これを使って95%信頼係数の下でこの工場で作られるすべての蛍光灯の平均値を推定してください。

ここで信頼区間は下限値と上限値を次の式で求めます。

$$\bar{x}-\frac{z\cdot s_x}{\sqrt{n}} \text{では，} 2000-\frac{1.96\times 250}{\sqrt{100}}=1951 \qquad \text{（下限値）}$$

$$\bar{x}+\frac{z\cdot s_x}{\sqrt{n}} \text{では，} 2000+\frac{1.96\times 250}{\sqrt{100}}=2049 \qquad \text{（上限値）}$$

したがってこの工場で作られる蛍光灯の平均寿命は1951時間と2049時間の間に入ると判定して95%は判断は誤らない，ということです。

〔問題14－8〕

ある学校の男子生徒から無作為に10人を選び，半年間で使ったゲームソフト代を聞いたところ，平均が15000円，標準偏差が3000円でした。この学校の男子生徒全員の半年間のゲームソフト代の平均値はいくらになりますか。95%信頼係数の下で母集団の平均値を推定してください。

〔問題14－9〕

ある中学校に在籍する3年生全員の平均身長を推定する問題です。そこで，36人の生徒を無作為に抽出して平均を求めると，161㎝で標準偏差は6.5㎝でした。上の問題と同じように95%信頼係数の下で母集団（3年生全員）の平均値を推定してください。

# 第15章　比率の推定と検定

## 1 さまざまな比率

統計の基本は一定の定義，ルールにそって統計の対象を数えることから始まります。そして「教員数」や「死亡者数」などの値が得られ，さらにこれらから「教員一人当たりの生徒数」や「死亡率」などの比率によってその意味をいっそう分かりやすくできます。比率は次のように分類できます。以下の分類はドイツ系の統計学の分類ですが，英米系の統計学でもおおよそ似ています。比率を大きく分けて**動的比率**と**静的比率**に分類し，さらに以下のように分類します。

- 比率
  - 静的比率
    - 構成比率—特化係数
    - 関係比率
      - 発生比率
      - 対立比率
  - 動的比率
    - 指数
    - 変化率

**構成比率**（英語では proportion を用います）

統計集団の全体の大きさを分母にし，その一部分の集団の大きさを分子にとったもので合計が 1 になります。扱う属性を男 1，女 0 のように二分法で表した場合には平均と類似した性質になります。

構成比率を基礎にして構成比率同士の組み合わせから**特化係数**と言われるものを計算することがあります。

例えば，全国の第一次，第二次，第三次産業の合計の総生産高を100%とし，そのうち第一次産業の総生産高に占める割合が1.2%であった時に，関東地区だけでは0.6%でしかないとします。この時の特化係数は0.6÷1.2＝0.5であると言います。特化係数は1.0以下ならその項目の特化は弱く，以上なら特化が強いと言います。

**関係比率**（英語では rate を用います）

構成比率や特化係数のように全体と部分の関係ではなく，異なる集団の関係を見ます。さらにこれを発生比率と対立比率に分けます。

**発生比率**　分母に統計集団の大きさを，分子にその集団から発生したある集団の大きさをとったものです。分子が一定期間に起こった出来事の発生数なので他の比率とは異なった性質を持っています。例：死亡数÷全人口＝死亡率

**対立比率**　分母，分子共に異なる統計集団の大きさをとり，意味の上で何らかの関係を見る比率。分母と分子に何をおいても良い。英語では ratio を用いることが多い。例：人口÷面積＝人口密度

**指数**（index number と言います。）　基準とした値に対して比較したい値を比で表現するのを指数と言い，分母，分子に同じ種類の同じ集団についての値をとった比率で，一般に分母は100と置き換えて示します。地域別の指数や時系列の指数などが用いられます。例：2000年の物価÷2015年の物価＝物価指数

**変化率**　指数を変形したものです。一般に異なる時点や場所における 2 つの集団の変化状況を表します。問題とする集団の値を $P$，変化分を $\varDelta P$ として，$t$ で時間を表すとして，変化率は次のように求めます。

変化率（%）＝ $(P_t - P_{t-1}) \div (P_{t-1}) \times 100 = \varDelta P \div (P_{t-1}) \times 100$

## 2 標本の比率から母集団の比率を推定する

ここでは，平均値の推定問題で学習したことを比率の場合に応用してみましょう。母集団の平均値の推定では95%の信頼区間を平均 $\bar{x}$，標準偏差 $s$，データ数 $n$ から求める公式は次のようでした。

正規分布を使う場合

$$\bar{x} \pm z(\alpha) \cdot \sqrt{\frac{s^2}{n}} \quad \cdots\cdots\cdots\cdots\cdots\cdots (15.1式)$$

$t$ 分布を使う場合

$$\bar{x} \pm t(\phi,\ \alpha) \cdot \sqrt{\frac{s^2}{n}} \quad \cdots\cdots\cdots\cdots\cdots\cdots (15.2式)$$

比率の区間推定では，平均（$\overline{x}$）の代わりに，比率（$p$）を用います。また，分散については比率の分散（標準偏差）を新たに計算しておきます。したがって，次の公式を使います。正規分布を使う場合で信頼水準を95%とすると，

$$p \pm 1.96 \cdot \sqrt{\frac{p(1-p)}{n}} \quad \cdots\cdots\cdots\cdots\cdots\cdots\cdots\cdots\cdots\cdots\cdots(15.3\text{式})$$

$$\text{比率} \pm 1.96 \cdot \sqrt{\frac{\text{比率（1－比率）}}{\text{データ数}}}$$

または$t$分布を使う場合は，

$$p \pm t(\phi,\ \alpha = 0.05) \cdot \sqrt{\frac{p(1-p)}{n}} \quad \cdots\cdots\cdots\cdots\cdots(15.4\text{式})$$

$$\text{比率} \pm t\,\text{値（自由度，危険率5％）} \cdot \sqrt{\frac{\text{比率（1－比率）}}{\text{データ数}}}$$

を用います。

〔例15－1〕

ある女子大学で「結婚後も仕事を続けたいかどうか」を調べました。学生100人中25名が「続けたい」と答えました。この学校は１万人以上の学生がいますが，はたして学生全体（これを母集団とします）では何%くらいが結婚後も仕事を続けたいと考えているでしょうか。95%信頼水準で区間推定してみましょう。

① まず信頼水準を決めますが，ここでは95%とします。正規分布では$z = 1.96$でした。

② 信頼区間を計算します。ここではデータ数が100を超えています。統計学的にはおおよそ30名以上の場合は正規分布と同じように扱います。15.3式を使うことにします。

$$0.25 \pm 1.96\sqrt{\frac{0.25(1-0.25)}{100}} = 0.1651 \sim 0.3348$$

となりました。この大学全体では16.5%～33.5%の範囲で「結婚後も仕事を続けてゆきたい」と希望しているらしいと結論して95%は正しい，という推定が得られます。

〔問題15－1〕

午前中体調の悪い小学生が100名のうち13名いました。この条件のもとで母集団での体調の悪い人の比率を95%信頼水準で推定しなさい。

〔問題15－2〕

無作為に抽出された305人の学生のうち111人が運転免許証を持っていました。運転免許証を持っている人の母集団の比率を95%信頼水準で推定しなさい。

次にもう少しデータ数が小さい場合の比率の推定をしてみましょう。

〔例15－2〕

ある大学の学部学生1000人の中から20人を選んで「将来外国へ行って働きたいか」を聞きました，すると8人が「そうしたい」と答えました。学部全体ではどれくらい「そうしたい」と答えるでしょうか。95%信頼水準で推定してみてください。

この問題は先の問題とよく似ていますが，データ数が20名ですから，正規分布より $t$ 分布を使う方が適当でしょう。15.4式を使います。

$$p \pm t(\phi,\ \alpha = 0.05) \cdot \sqrt{\frac{p(1-p)}{n}}$$

ここでは $p = \frac{8}{20} = 0.4$ です。つづいて，$\sqrt{\frac{0.4(1-0.4)}{20}} = 0.1095$，$t$ 分布表から $t(\phi = 19, \alpha = 0.05) = 2.093$ です。

したがって95%信頼区間は（$0.4-2.093\times0.1095$）と（$0.4+2.093\times0.1095$）の間で17.08%～62.9%となります。かなり大きな推定区間になりました。このように，区間が広いと母集団の比率を推定したとはいえ現実にはあまり役には立ちません。そこで，データ数を増やすとこれを改善できます。

〔例15－3〕

関東地区では600世帯の標本からテレビ番組の視聴率を推定しています。あるクイズ番組の視聴率が20%だった時に母集団（関東全域の世帯）の視聴率を95%信頼水準で区間推定してください。

ここでも，15.4式を使いますが，データ $n = 600$ ですので正規分布の場合と同じように扱います。$t(\phi, \alpha = 0.05)$ の代わりに正規分布の $z = 1.96$ を使います。

$p = 0.2$ ですから次のようになります。

$\sqrt{\dfrac{p(1-p)}{n}} = \sqrt{\dfrac{0.2(1-0.2)}{600}} = 0.0163$ ですので，95%信頼水準の推定区間は

$0.2 \pm 1.96 \times 0.0163 = 0.168 \sim 0.232$ で16.8%から23.2%

となります。

## 3 標本の比率と母集団の比率を比較する

この問題は時々出くわす問題で，二項母集団における母集団比率の検定などと呼ばれることがあります。つまり，良い製品と悪い製品の 2 つの群を比較するというような問題です。

例えば，学校健康診断のデータで，日本全国では肥満児が17%いると言われているのに対して，ある小学校のグループ50人では20%が肥満と判定されたとします。この時にこのグループは全国値より肥満児が多いと言ってよいかどうか。などという場合がそれです。

これは平均の比較をする時と同じように，母集団平均値と標本平均の差を標準誤差で割り算して求めます。したがって公式は

$$z_0 = \frac{P - p}{\sqrt{\dfrac{p(1-p)}{n}}} \quad \cdots\cdots\cdots\cdots(15.5式)$$

を用います。上の場合では，

$$z_0 = \frac{0.17 - 0.2}{\sqrt{\dfrac{0.2(1-0.2)}{50}}} = 0.5303$$

です。

ここで $z_0 = 0.5303$ と $z(\alpha = 0.05) = 1.96$ と比較すると，$z_0$ が小さいので，帰無仮説は棄却できません。つまり「有意差はない」と判定します。類似の問題で練習してみてください。

〔問題15－3〕

A高校の5年間の卒業生3,962名の大学進学率は62%です。全国値は40%ですが，A高校の大学進学率は全国値より高いと言えますか。

〔問題15―4〕

「クイズB」という番組の視聴率をC地区400軒で調査したら10%でした。関東地区全地域では14%と報告されていますが，両者の間に差があると判断されますか。

## 4 2つの標本の比率を比較する

2つの比率を比較する時にも平均の場合と類似した方法を使います。ここでこの2つの比率の比較とは，それぞれの母集団AとBから大きさ $n$ の標本が抽出された時の比率 $p_1$ と $p_2$ の差を検定する問題です。

$$z_0=\frac{(p_1-p_2)}{\sqrt{\dfrac{p_1(1-p_1)}{n_1}+\dfrac{p_2(1-p_2)}{n_2}}} \quad \cdots\cdots\cdots\cdots(15.6式)$$

を用います。そして $z_0$ が1.96以上であれば，帰無仮説を棄却して「有意差あり」と検定します。それでは次の問題をやってみてください。

〔問題15―5〕

大学1年生を対象にして，運転免許の取得率を調べたところ，Aクラス100名では20%，Bクラス200名では12.5%でした。2つのクラス間に差があると言えますか。

〔問題15―6〕

ある企業が開発した製品について，都市に住む50人と農村に住む40人のモニターに製品のデザインを評価してもらったところ，都市部では16人が，農村部では12人が「良くない」と答えました。この2つのグループに差があると言えますか。

〔問題15―7〕

S地区でK社の自動車の所有者30人について，新型の自動車の色についてどのような色が好まれるかを研究するために調査を行ったところ，回答された好きな色は以下のような結果であった。

白，白，白，白，黒，黒，黒，黒，黒，黒，シルバー，シルバー，シルバー，シルバー，シルバー，シルバー，シルバー，シルバー，シルバー，シルバー，シルバー，シルバー，シルバー，シルバー，シルバー，シルバー，シルバー，赤，赤，茶，

① ここで白が選択されるのと黒が選択されるのでは有意な差があると言えるか。5％の危険率で判定してみよう。

② 同様に赤と黒ではどうか。

③ 同様にシルバーと赤ではどうか。

④ 上の結果から，シルバーが好まれていることが分かるが，この地区で1000台新車が売れるとした時に，シルバーが何台売れるか，95％信頼できる水準で上限と下限を求めてみよう。

⑤ 次に同様に黒が何台売れるか推定してみよう。

## 5 適合度の $\chi_0^2$（カイ２乗）検定

いくつかの比率が $p_1$, $p_2$, ……, $p_n$ で与えられているとします。この時に，帰無仮説「これらの比率（確率）間には差はない」を検定するものです。

いま，サイコロを50回ころがしたところ，１から６までのさいの目は次のようでした。

| 目の数 | 1 | 2 | 3 | 4 | 5 | 6 |
|---|---|---|---|---|---|---|
| 回　数 | 5 | 6 | 8 | 8 | 10 | 13 |

さいの目はそれぞれが $\frac{1}{6}$ ずつ出る，きちんとしたものと言えるでしょうか。

こういう問題がある時に，帰無仮説は次のようになります。

① $H_0$ : $P_1 = \frac{1}{6}$, $P_2 = \frac{1}{6} \cdots\cdots P_6 = \frac{1}{6}$

② 危険率は５％としておきます。

③ そこで，６個の目の出る回数（期待値）はそれぞれが50回 $\times \frac{1}{6} = 8.33\cdots\cdots$

ここで$\chi_0^2$（カイ２乗）値を上のデータから求めます。

$$\chi_0^2 = \frac{(\text{さいの目が実際に出た個数}-\text{期待値})^2}{\text{期待値}}\text{の合計} \quad \cdots\cdots\cdots(15.7\text{式})$$

$$\chi_0^2 = \frac{(5-8.33)^2}{8.33}+\frac{(6-8.33)^2}{8.33}+\cdots\cdots\frac{(13-8.33)^2}{8.33}=4.94$$

④　この計算された$\chi_0^2$値と自由度５（これはさいの目の総数が６の時，６−１=５）で危険率$\alpha=0.05$の値を比較して，計算された$\chi_0^2$値が所定の値より大きければ，$H_0$を棄却して，「有意差がある」と検定します。ここでは，この所定の値は巻末の付表４から，$\chi_0^2(\phi=5, \alpha=0.05)=11.07$です。したがって，

$$\chi_0^2 = 11.07 > \chi_0^2 = 4.94$$

ですから，帰無仮説は棄却されません。つまりそれぞれのさいの目が出る確率に差はないということになります。これは多項分布という確率分布を用いた検定法です。実際には次のような例で計算されることが多いです。

## 6 クロス集計表による分析

〔例15－４〕

ある会社で海外旅行の経験について聞いてみました。するとA社では140人中100人，Ｂ社では175人中150人が海外旅行に行ったことがある，ということでした。これを次のような２×２分割表にしてみて，Ａ，Ｂ両社の比較をしてみます。

| 海外旅行の経験 | 経験有り | 経験なし | ヨコ計 |
|---|---|---|---|
| A社 | 100 | 40 | 140 |
| B社 | 150 | 25 | 175 |
| タテ計 | 250 | 65 | 315 |

このようにクロス表にして検定することが一般に行われています。**クロス集計**とも言います。ここでは２×２分割表を紹介していますが，２×３とか３×４など，様々な場合があります。基本は適合度の$\chi_0^2$（カイ２乗）検定の応用例です。

次のような手順で検定しますが，データが多くなると計算プログラムを用いてコンピュータで実行することになります。とはいえしっかりと基礎的な知識を身に付けておくことが大切です。

検定の手順

① 仮説を立てる。

$H_0$：$P_A = P_B$（帰無仮説は，A，B両社の母比率には差がないとする。）

$H_1$：$P_A \neq P_B$

② 危険率を決める。$\alpha = 0.05$

③ 統計量 ${\chi_0}^2$ を計算する。16.7式と同じです。

$${\chi_0}^2 = \Sigma \frac{f_{ij} - e_{ij}}{e_{ij}} = \frac{(\text{実現値} - \text{期待値})^2}{(\text{期待値})} \text{の合計}$$

で得られます。そこで例16－４のデータで計算法を勉強しましょう。

| 標本＼カテゴリー | $a$ | $b$ | ヨコ計 |
|---|---|---|---|
| A | $f_{11}$ | $f_{12}$ | $n_A$ |
| B | $f_{21}$ | $f_{22}$ | $n_B$ |
| タテ計 | $n_a$ | $n_b$ | $n_T$ |

ⓐ 各セルの期待値を求めます。

$$e_{11} = \frac{n_A \times n_a}{n_T} = \frac{140 \times 250}{315} = 111.1$$

$$e_{12} = \frac{n_A \times n_b}{n_T} = \frac{140 \times 65}{315} = 28.9$$

$$e_{21} = \frac{n_B \times n_a}{n_T} = \frac{175 \times 250}{315} = 138.9$$

$$e_{22} = \frac{n_B \times n_b}{n_T} = \frac{175 \times 65}{315} = 36.1$$

ⓑ $f_{ij}$ と $e_{ij}$ の差 $d_{ij}$ を計算します。

$$d_{ij} = f_{ij} - e_{ij} =$$

| | a | b |
|---|---|---|
| A | 100－111.1 | 40－28.9 |
| B | 150－138.9 | 25－36.1 |

$=$

| | a | b |
|---|---|---|
| A | －11.1 | 11.1 |
| B | 11.1 | －11.1 |

ⓒ　${d_{ij}}^2$ を求めます。

$${d_{ij}}^2 =$$

| | a | b |
|---|---|---|
| A | 123.21 | 123.21 |
| B | 123.21 | 123.21 |

ⓓ　$\dfrac{{d_{ij}}^2}{e_{ij}}$ を計算して ${\chi_{ij}}^2$ を求めます。

$${\chi_{ij}}^2 = \frac{{d_{ij}}^2}{e_{ij}} =$$

| | a | b |
|---|---|---|
| A | $\frac{123.21}{111.1}$ | $\frac{123.21}{28.9}$ |
| B | $\frac{123.21}{138.9}$ | $\frac{123.21}{36.1}$ |

$=$

| | a | b |
|---|---|---|
| A | 1.11 | 4.26 |
| B | 0.89 | 3.41 |

ⓔ　$\Sigma {\chi_{ij}}^2$ を計算します。

$$1.11 + 4.26 + 0.89 + 3.41 = 9.67$$

④　${\chi_0}^2$ 分布表を使って ${\chi_0}^2(\phi,\ \alpha)$ を読み取ります。

$$\phi = (\text{行の数} - 1) \times (\text{列の数} - 1)$$

この例では $\phi = (2-1) \times (2-1) = 1$ となります。

よって $\chi^2(\phi = 1,\ \alpha = 0.05) = 3.84$

⑤　検定をします。

${\chi_0}^2$ と ${\chi_0}^2(\phi,\ \alpha)$ を比較する。

${\chi_0}^2 \geqq {\chi_0}^2(\phi,\ \alpha)$………$H_0$ を棄却する。(差があると判定する)

${\chi_0}^2 < {\chi_0}^2(\phi,\ \alpha)$………$H_0$ を採択する。(差があると判定しない)

例題の場合では ${\chi_0}^2 = 9.67$ ですから $H_0$ を棄却して「A，B両社の間に差がある」と判定します。

# 第16章　実験計画法と分散分析

## 1 実験の因子と水準

人間を対象とするような測定や調査では，得られた結果（データ）には，ふつうは何らかのばらつきが認められます。例えば，測定値なら，どんな測定方法か，測定のタイミングは，測定する人は誰か，などと結果に影響を与える要因はたくさんあります。分散分析は，このような要因を実験条件に組み入れて，データのばらつきを，真の変動（主効果）とその他の誤差に分解する方法です。データのばらつきに影響を与える要因を因子（factor）と呼び，それを構成するそれぞれの条件を水準（level）と呼びます。例えば，血圧を測るのに朝・昼・夜でどう違うかということなら因子は1で，水準は3となります。

ここで分析に用いる因子の数によって，1因子ならば一元配置法の分散分析と言い，2因子ならば二元配置法の分散分析と言います。3因子以上の多元配置法もありますが，実際にはパソコンを用いて計算します。

## 2 一元配置法の分散分析

表16－1は，ある心理相談センターの3人のカウンセラーを月曜から金曜の間

**表16－1**　1週間の来室者数（人数）

| 水準 | $A_1$ | $A_2$ | $A_3$ | |
|---|---|---|---|---|
| 月 | 5 | 4 | 3 | |
| 火 | 5 | 3 | 2 | |
| 水 | 3 | 1 | 1 | |
| 木 | 4 | 2 | 1 | |
| 金 | 4 | 4 | 3 | |
| Σ | 21 | 14 | 10 | 45 |
| $\bar{x}$ | 4.2 | 2.8 | 2.0 | 3.0 |

で何人の相談者が訪れたか，というデータです。この結果から各相談員で来室者数の平均値間に有意差があるかどうかを検定してみましょう。

この例では，因子は相談室員で，水準は $A_1$，$A_2$，$A_3$ の 3 水準です。

分散分析では 3 つ以上の平均間の差を検定します。まず表16－1 のデータについて次の手順で計算を進めてゆき，最後に分散分析表という全体の計算をまとめた表をつくり，そこで分散の比の検定，$F$ 検定を行って結論を導きます。

① まず，水準数 $(k = 3)$ だけ，$A_1 \sim A_3$ の平均 $\bar{x}_i$ を求めます，ここでは

$\bar{x}_1 = 4.2$，$\bar{x}_2 = 2.8$，$\bar{x}_3 = 2.0$ になります。

② すべてのデータ $(x_{ij})$ の総平均を求めます $(\bar{x}_T = 3.0)$

③ **総平方和** $(S_T)$ を次のように求めます。

$$\boldsymbol{S_T = \Sigma(x_{ij} - \bar{x}_T)^2} \cdots\cdots\cdots\cdots\cdots\cdots \text{(16.1式)}$$

（すべてのデータ－総平均値）$^2$ の合計

例：$\begin{pmatrix} (5-3)^2 & \cdots & (3-3)^2 \\ \vdots & & \vdots \\ (4-3)^2 & \cdots & (3-3)^2 \end{pmatrix} \rightarrow \begin{pmatrix} (4 & \cdots & 0) \\ \vdots & & \vdots \\ (1 & \cdots & 0) \end{pmatrix}$ の合計＝26

これを全変動と言うこともあります。

④ **級間平方和** $(S_A)$ を

$$\boldsymbol{S_A = \Sigma(\bar{x}_i - \bar{x}_T)^2 \times n} \cdots\cdots\cdots\cdots\cdots\cdots \text{(16.2式)}$$

（各水準の平均－総平均）$^2$× 1 つの水準内のデータ数 $(n)$ の合計

で求めます。ここでは $n$ は月～金の 5 日です。

例：$((4.2-3.0)^2+(2.8-3.0)^2+(2.0-3.0)^2)\times 5 = 12.4$

この値は因子の水準間の変動の大きさを表現するもので，結果を左右している最も重要な変動と言えます。別名，処理平方和とか級間変動と言うこともあります。

⑤ **残差平方和** $(S_E)$ を求めます。

$$\boldsymbol{S_E = S_T - S_A} \cdots\cdots\cdots\cdots\cdots\cdots \text{(16.3式)}$$

（総平方和－級間平方和）

例：$26 - 12.4 = 13.6$

$S_E$ は級内平方和とか誤差変動とも呼ばれています。

これらの関係は次のようになっています。

総平方和（全変動）＝級間平方和（級間変動）＋残差平方和（誤差変動）
……………（16.4式）

⑥ **主効果**は級間平方和（$S_A$）を残差平方和（$S_E$）で割算して求めます。

$$\textbf{主効果} = \frac{S_A}{S_E} = \frac{\textbf{級間平方和}}{\textbf{残差平方和}} \quad \cdots\cdots\cdots(16.5式)$$

ここで，$S_A$，$S_E$ ともに不偏分散（$s_A'^2$，$s_E'^2$）を求めますが，前もってそれぞれの自由度を決めておきます。

$S_A$ の自由度は水準 $k-1$，$S_E$ の自由度は標本数を $n$ として，$k(n-1)$ です。

では，不偏分散を求めましょう。

$$s_A'^2 = \frac{S_A}{\phi_A = k-1} = \frac{12.4}{2} = 6.2$$

$$s_E'^2 = \frac{S_E}{\phi_E = k(n-1)} = \frac{13.6}{3(5-1)} = 1.13$$

⑦ 主効果を判定するための統計量（$F_0$）を計算します。級間平方和の不偏分散を残差平方和の不偏分散で割算します。

$$F_0 = \frac{s_A'^2}{s_E'^2} = \frac{6.2}{1.13} = 5.49$$

⑧ $F_0$ 値と，級間平方和の自由度（$3-1=2$）と残差平方和の自由度（$3\times(5-1)=12$）の $F$ 分布の上側 5 %（または 1 %）の値を比べます。$F$ 分布表は巻末にあります。

もし $F_0 \geqq F$ ならば，主効果がある，と判定します。例では，$F$ 分布表の自由度（2, 12）に当たる上側 5 %点は $F=3.89$ となります。$F_0$ は5.49ですから $F < F_0$ で帰無仮説「差はない」を破棄して，対立仮説「差がある」を採択し，主効果はあると判定できます。つまり例題では「カウンセラー間の差がある」というわけです。

これらの計算をまとめた表が分散分析表と呼ばれるもので，コンピュータ・プログラムを使って処理するとこの表が出力されます（表16－２）。

ここで便宜的に分散分析表に①～⑤の番号を付けると，計算の順番は，まず

③，①と求めてから

③－①＝②を求めます。つづいて，

①÷$\phi_A$ ＝ ④

②÷$\phi_E$ ＝ ⑤

④÷⑤ ＝ $F_0$ で終了します

**表16－2　カウンセラーの分散分析表（一元配置）**

| 要　因 | 平　方　和 | 自　由　度 | 不偏分散 | $F_0$ |
|---|---|---|---|---|
| 因子 $A$（カウンセラー） | ①　$S_A = 12.4$ | $\phi_A = k-1 = 2$ | ④　$s_A'^2 = 6.2$ | $F_0 = \dfrac{s_A'^2}{s_E'^2} = 5.49$ |
| 残差 $E$ | ②　$S_E = 13.6$ | $\phi_E = k(n-1) = 12$ | ⑤　$s_E'^2 = 1.13$ | |
| 全　体 | ③　$S_T = 26.0$ | $\phi_T = kn-1 = 14$ | | |

## 3 多重比較

前述のように水準間に有意差がある，ということが分かった時は，つづいて各水準間の平均間の差の検定をする必要が生じます。つまり，分散分析の結果として，全体としては水準間に差がある，と分かったら，次にどの水準とどの水準の2群間に差があるのかをつきとめようというわけです。例では，3群の平均値を比較するのですが，${}_3C_2$ 個の組，この場合は3通りの組み合わせの差の検定をしなくてはなりません。

一般に，このように3群間に差が認められた場合には，さらに進めて各群間の差を多重比較検定してゆきます。そこで，その計算の手順を追ってみます。

①　各水準の平均値を大きい順に並べます。例では，

$$\bar{x}_1 > \bar{x}_2 > \bar{x}_3$$

②　そこで2つの平均値1位と3位を $\bar{x}_{①}$, $\bar{x}_{③}$ と書くことにして $t_0$ 値を計算します。

$$t_0 = \frac{\bar{x}_{①} - \bar{x}_{③}}{\sqrt{\dfrac{S_E}{\phi_E}\left(\dfrac{1}{n_{①}} + \dfrac{1}{n_{③}}\right)}} \quad \cdots\cdots\cdots\cdots\cdots\cdots\cdots\cdots (16.6式)$$

すなわち，

$$\frac{\text{第1位の平均}-\text{第3位の平均}}{\sqrt{\dfrac{\text{残差平方和}}{\text{残差平方和の自由度}}\left(\dfrac{1}{\text{第1位のデータ数}}+\dfrac{1}{\text{第3位のデータ数}}\right)}}$$

となります。

この $t_0$ は $t$ 分布に従いますから，ふつうの $t$ 検定と同じように扱います。ただし有意水準については次の式で計算しておきます。

有意水準を 5 %にする場合には次式で求めます。

$$\boldsymbol{\alpha}(\%) = \frac{\mathbf{2\times5(\%)}}{\textbf{水準数}\times\textbf{（順位の差）}} \quad \cdots\cdots\cdots\cdots\cdots(16.7\text{式})$$

この場合では次のようになります。

$$t_0 = \frac{4.2-2.0}{\sqrt{\dfrac{13.6}{12}\cdot\left(\dfrac{1}{5}+\dfrac{1}{5}\right)}} = \frac{2.2}{0.6733} = 3.267$$

$$\alpha(\%) = \frac{2\times5\ (\%)}{3\times(3-1)} = \frac{10}{6} \fallingdotseq 1.7\ (\%)$$

検定に使う自由度は（全体の標本数－水準数），つまり 15－3 ＝ 12 で有意水準は1.7ですが，この数字は巻末の $t$ 分布表にはありませんので自由度は12，有意水準は1.7%より厳しい（低い）近似値の 1 %で $t$ 値を求めますと，

$t(\phi = 12,\ \alpha = 0.01) = 3.055$で，$t_0 = 3.267 > t = 3.055$

となって「有意差がある」と判定されます。

もし，第 1 位と第 3 位を比較して差がない，と判定されたら，その段階で検定は終了して「 2 群間に（ 3 群間にも）差はなかった」ということになります。もし有意差があれば，次の段階，第 1 位と第 2 位あるいは第 2 位と第 3 位の差を検定してゆきます。

このような多重比較の方法は，Fisher の方法，Tucky の方法など，いろいろ工夫されていますので，コンピュータ・プログラムを使って試してみましょう。

## 4 二元配置法の分散分析

一元配置法は因子が 1 つの場合を扱いましたが，ここでは因子が 2 つの場合に

ついて学びます。二元配置法は「くり返しのない場合」と「くり返しのある場合」の２つの方法が使われています。

### （1）「くり返しのない場合」の二元配置法

これは，２つの因子 $A$ と $B$ によって影響を受ける時の変動を調べる方法です。ここでは $A$ と $B$ の水準の各組み合わせについて，１回だけ測定が行われたとしましょう。

例えば表16－３のようなデータがあったとします。

**表16－３**　２人の先生，３つのクラスの英語の学力テスト成績

| | 水準 | $A_1$（クラス） | $A_2$ | $A_3$ | $\bar{x}_B$ |
|---|---|---|---|---|---|
| （先生） | $B_1$ | 84（点） | 86 | 82 | 84 |
| | $B_2$ | 86 | 94 | 96 | 92 |
| | $\bar{x}_A$ | 85 | 90 | 89 | $\bar{x}_T = 88$ |

ここで，因子 $A$ は英語の学力テストについて，$A_1$ クラス，$A_2$ クラス，$A_3$ クラス，の３つのクラスでデータが得られたとします。因子 $B$ は先生の条件で $B_1$，$B_2$ の２人の先生が担当しています。

ここでは「英語のテストの成績はクラスによる差なのか，それとも先生による差なのか」を明らかにしたいものとして，これらを同時に検定することとします。

分散分析の手順は次のようになります。

① $\boldsymbol{S_T = \Sigma(x_{ij} - \bar{x}_T)^2}$ ……………………………………………………（16.8式）

総平方和＝(すべてのデーター総平均)$^2$ の合計で総平方和を求めます。

すべてのクラスの英語のテスト成績から総平方和 ($S_T$) を求めますと次のようになります。

例：
$$\begin{pmatrix} 84-88, & 86-88, & 82-88 \\ 86-88, & 94-88, & 96-88 \end{pmatrix} \rightarrow \begin{pmatrix} -4^2, & -2^2, & -6^2 \\ -2^2, & 6^2, & 8^2 \end{pmatrix}$$

$$\rightarrow \begin{pmatrix} 16, & 4, & 36 \\ 4, & 36, & 64 \end{pmatrix} \text{ の和 } \rightarrow \ 160$$

② ついで，級間平方和 ($S_A$, $S_B$) を求めますが，因子が２つ（クラスと先生）

ありますから，$A$ と $B$ について計算します。

$$\boldsymbol{S_A = \Sigma(\bar{x}_A - \bar{x}_T)^2 \times k_B}$$ ……………………………(16.9式)

$A$の級間平方和 ＝（各水準($A$)の平均－総平均)$^2$の和×($B$)の水準数

$$\boldsymbol{S_B = \Sigma(\bar{x}_B - \bar{x}_T)^2 \times k_A}$$

$B$の級間平方和 ＝（各水準($B$)の平均－総平均)$^2$の和×($A$)の水準数

$k$ は水準数，ここで $S_A$, $S_B$ の自由度は（$k-1$）です。

$$S_A = [(85-88)^2 + (90-88)^2 + (89-88)^2] \times 2 = 28$$

$$S_B = [(84-88)^2 + (92-88)^2] \times 3 = 96$$

③　残差平方和（$S_E$）を求めます。

$$\boldsymbol{S_E = S_T - S_A - S_B}$$ ……………………………………(16.10式)

残差平方和＝総平方和－水準 $A$ の級間平方和－水準 $B$ の級間平方和

$$S_E = 160 - 28 - 96 = 36$$

ここで，$S_E$ の自由度は〔$(k_A-1) \times (k_B-1)$〕で求められます。

次に分散分析をすすめるために，

④　自由度（$\phi$）は次のように求めます。

総変動の自由度（$\phi_T$）については $A$, $B$ の水準数 2 と 3 の積を求めて 1 を引きます。$\phi_T = 2 \times 3 - 1 = 5$

級間変動の自由度は $A$, $B$ それぞれ $\phi_A = 3-1 = 2$, $\phi_B = 2-1 = 1$

誤差変動の自由度は $A$, $B$ 級間変動の自由度の積 $\phi_E = 2 \times 1 = 2$

これらの計算結果を使って分散分析表を作ってみましょう（表16－４）。

**表16－４**　「英語学力テスト成績」の分散分析表

| 要因 | 偏差平方和<br>① | 自由度（$\phi$）<br>② | 不偏分散<br>③＝①÷② | 分散比<br>($F_0$) |
|---|---|---|---|---|
| クラスの級間平方和（$S_A$） | 28 | 3 − 1 = 2 | ④　14 | ④÷⑥=0.778 |
| 先生の級間平方和（$S_B$） | 96 | 2 − 1 = 1 | ⑤　96 | ⑤÷⑥=5.333 |
| 残差平方和（$S_E$） | 36 | 2 × 1 = 2 | ⑥　18 | − |
| 総平方和（$S_T$） | 160 | 2 × 3 − 1 = 5 | − | − |

⑤ 続いて$F$検定をします。分散分析表にある分散比の$F_A$は自由度（2，2），つまり級間平方和$S_A$の自由度（$\phi_A = 2$）と残差平方和$S_E$の自由度（$\phi_E = 2$）の$F$分布に従います。また$F_B$は$S_B$と$S_E$の自由度，つまり$\phi_B = 1$と$\phi_E = 2$の$F$分布に従うので次のようになります。

それぞれの自由度は$\phi_A = 2, \phi_B = 1, \phi_E = 2$ですから，巻末の$F$分布表の5％点を求めると19.00と18.51です。

これをもとにして「クラスの違い」，「先生の違い」の有意差を検定してみます。

$$S_A\text{の分散比は}F_A = 0.778 < F_{\phi_2=2}^{\phi_1=2}(0.05) = 19.00$$
$$S_B\text{の分散比は}F_B = 5.333 < F_{\phi_2=2}^{\phi_1=1}(0.05) = 18.51$$

となって，いずれも「差がない」という帰無仮説が採択されます。

この結果，水準$A$（クラスの違い），水準$B$（先生の違い）ともに「有意差はない」という結論が導かれます。

**（2）「くり返しのある場合」の二元配置法**

ここではＡの水準について2個以上の測定値が得られている場合について説明しましょう。

具体例として皮下脂肪の厚さを測った事例を引用します。

ここでは「皮下脂肪厚の測定値の結果は，計測器（ａ，ｂ，ｃ）によって少しずつ異なり，また測定する人（Ｏ君，Ｔ君）の能力によっても異なってくる」という仮説を立てました。そこで，10名の学生を選んでＯ君，Ｔ君はそれぞれ5名ずつａ，ｂ，ｃの器具を使って（計測器の違い）測定してみました。その結果は表16－5に示してあります。

ここで10人の学生はそれぞれ3通りａ，ｂ，ｃの違う計測器具で測定されています。問題は，因子$A$（計測器）と因子$B$（測定する人）のいずれの因子が影響して測定値のバラツキが生じてくるのかということをつきとめたいのです。

さらにここではもう一つの問題「交互作用」というものを考えます。これは単一の因子が独立に作用するのではなく$A$と$B$の2つが同時に働くことによって初めて効果が出てくるというものです。「くり返しのある場合」の二元配置分散分析では交互作用を分析できることが特長です。手順は，次のようになります。

**表16－5**　上腕背部の皮脂厚計測値（mm）

| 計測器具（因子 $A$）<br>計測者（因子 $B$） | a | b | c | $\bar{x}_B$ |
|---|---|---|---|---|
| O君 | 12.1 | 14.1 | 13.0 | |
| | 8.3 | 9.5 | 8.9 | |
| | 11.0 | 11.7 | 11.0 | |
| | 15.0 | 16.1 | 15.5 | |
| | 10.9 | 11.1 | 10.1 | |
| $\bar{x}_{AB}$ | 11.46 | 12.50 | 11.7 | 11.89 |
| T君 | 10.0 | 12.3 | 11.6 | |
| | 6.5 | 7.3 | 7.2 | |
| | 9.1 | 8.1 | 9.1 | |
| | 13.2 | 13.9 | 13.0 | |
| | 9.0 | 9.7 | 8.7 | |
| $\bar{x}_{AB}$ | 9.56 | 10.26 | 9.92 | 9.91 |
| $\bar{x}_A$ | 10.51 | 11.38 | 10.81 | $\bar{x}_T = 10.9$ |

①　総平方和（$S_T$）を計算します。

$$\boldsymbol{S_T = \sum^{p}\sum^{q}\sum^{r}(x_{ijk} - \bar{x}_T)^2} \quad \cdots\cdots\cdots\cdots\cdots\cdots\cdots\cdots(16.11式)$$

ここで $\bar{x}_T$ ＝すべてのデータの平均（総平均）です。

$p$ は因子 $A$ の水準数で表16－5では3, $q$ は因子 $B$ の水準数ここでは2です。

$F$ はくり返しの数で，ここでは1人の測定者が5人測ったということです。

以下分散分析表に具体例の計算結果が示してあります。

②　因子 $A$, $B$ の級間平方和（$S_A$, $S_B$）を前と同じように計算します。

$$\boldsymbol{S_A = \sum^{p}(\bar{x}_A - \bar{x}_T)^2 \times qr} \quad \cdots\cdots\cdots\cdots\cdots\cdots\cdots\cdots(16.12式)$$

$$\boldsymbol{S_B = \sum^{q}(\bar{x}_B - \bar{x}_T)^2 \times pr} \quad \cdots\cdots\cdots\cdots\cdots\cdots\cdots\cdots(16.13式)$$

ここでは，$S_A$ では，（水準$A_1$ ～ $A_3$の平均－総平均）$^2$ の合計×2×5を意味します。

③　因子 $A$ と $B$ の交互作用の平方和（$S_{A\times B}$）を計算します。

$$\boldsymbol{S_{A\times B} = \sum^{p}\sum^{q}(\bar{x}_{AB} - \bar{x}_A - \bar{x}_B + \bar{x}_T)^2} \quad \cdots\cdots\cdots\cdots(16.14式)$$

ここで $\bar{x}_{AB}$ とは因子 $A$ と $B$ が同時に得られたデータの平均です。

ここではO君，T君それぞれa，b，cの測定平均がありますので合計6個の平均があります（表16－5の11.46，12.50，……9.92がそれです）。$\bar{x}_A$，$\bar{x}_B$ はそれぞれ水準ごとの平均で合計5個あります，$\bar{x}_T$ は総平均です。

④　残差平方和（$S_E$）を計算します。

$$S_E = S_T - S_A - S_B - S_{A\times B} \quad \cdots\cdots(16.15式)$$

総平方和から $A$ と $B$ の級間平方和を引き，さらに③で求めた値を引いて求めます。

⑤　各変動の自由度を求めます。

- 総平方和の自由度（$\phi_T$）は　$\phi_T = n-1 = p\times q\times r-1 = 3\times2\times5-1 = 29$
- 因子 $A$ の自由度（$\phi_A$）は　$\phi_A = p-1 = 3-1 = 2$
- 因子 $B$ の自由度（$\phi_B$）は　$\phi_B = q-1 = 2-1 = 1$
- 交互作用の自由度（$\phi_{A\times B}$）は　$\phi_{A\times B} = \phi_A\times\phi_B = 2\times1 = 2$

⑥　分散分析表を作ります。つまり因子 $A$，$B$ の級間平方和，交互作用，残差平方和について「くり返しのない場合」の分析と同じように不偏分析（$s'^2$）を求め，因子 $A$，因子 $B$ の主効果，交互作用の効果を計算します。いずれの不偏分散も自由度で偏差平方和を除して求めます。

⑦　$F$ 検定をして有意か否かを判定します。

具体例（皮下脂肪厚の計測値）では，次のような分散分析表がつくられました（計算はSPSSという統計パッケージプログラムで行われたものです）。

**表16－6　皮脂厚計測値の分散分析**

| 要　　因 | 偏差平方和<br>① | 自由度② | 不偏分散<br>③＝①÷② | $F_0$ | 検　定 |
|---|---|---|---|---|---|
| $S_A$（計測器の因子） | 3.906 | 2 | ④　1.953 | ④÷⑦＝0.30 | － |
| $S_B$（測定者の因子） | 29.205 | 1 | ⑤　29.205 | ⑤÷⑦＝4.55 | 0.05以下で有意 |
| $S_{A\times B}$（交互作用） | 0.2847 | 2 | ⑥　0.1423 | ⑥÷⑦＝0.022 | － |
| $S_E$（残差平方和） | 153.9443 | 24 | ⑦　6.4143 | － | |
| $S_T$（総平方和） | 187.3400 | 29 | － | － | |

この結果，主効果として因子 $B$ の「測定をする人の違い」が主にこの変動の原因となっていることが明らかにされました。

# 第17章　複雑な現象を解析する多変量解析入門

これまでは変数が１つか２つの場合の統計処理を学んできましたが，ここではより複雑な多変数の解析について紹介します。私たちは日頃さまざまな意思決定や判断，行動をしています。そして，それらの課題はビジネスであれ，学業であれ，あるいはまた趣味のようなものであれ，現実に近くなるほど事態は複雑になり，様々なファクターが入り組んできます。例えば，今夜のおかずは何にしようか，などという簡単そうに見えることでも，最適の解を求めようとすれば考慮しなければならないファクターは１つや２つではないでしょう。おいしいケーキとはどんなケーキか，皆に好かれる化粧法は，誰をチームリーダーにしたらいいのか，知能を測るにはどうするか，クラス40人を５つのグループに分類するには，売り上げに効果のありそうなパッケージをどう作るか，社員の勤務評価をどうするか，などなどいずれも多くのファクターが複雑に関係しあっています。しかし，私たちは現実にはこのような問題に取り組まなければならないわけです。このような問題に対して，手立てを講ずるのに，ここで紹介する多変量解析という統計解析の方法は有力な統計的技術です。

重回帰分析，判別分析，因子分析，クラスター分析などと聞くと難しそうですが，やってみれば，なるほどとうなずける身近な解析です。著者が学生の頃はコンピュータが普及しはじめた頃でしたから，多変量解析のプログラムはすべて手製のプログラムで実行しました。しかし，今では市販のソフトがどこでも手にはいるようになり，パソコンで簡単に利用できるようになりました。多変量解析はあなたがこれから卒論を書いたり職業生活を送っていく上でも強力なテクニックになるはずです。

それでは，簡単に多変量解析のアウトラインを紹介しておきます。多変量解析とは，例17－１のように，多数のケース（人物や企業など）が多数の変数についてのデータで特徴づけられている時に，変数間の相関係数（共分散）などを求め，その相互関係から分析を進める方法です。この例のデータはａ，ｂ，……ｌ，までの12人の就職試験の成績です。それぞれ10点満点で「採否」の欄には「１」を採用，「０」を不採用としてコーディングしてあります。

**例17－１　多変量解析のデータ行列の例**

| 学生 | 国語 | 社会 | 数学 | 理科 | 英語 | 面接 | 論文 | 採否 |
|---|---|---|---|---|---|---|---|---|
| a | 4 | 4 | 8 | 9 | 5 | 5 | 6 | 0 |
| b | 6 | 4 | 7 | 8 | 6 | 6 | 7 | 0 |
| c | 7 | 5 | 6 | 7 | 6 | 7 | 7 | 0 |
| d | 8 | 7 | 7 | 7 | 8 | 8 | 9 | 1 |
| e | 9 | 8 | 6 | 6 | 9 | 9 | 10 | 1 |
| f | 10 | 9 | 5 | 5 | 9 | 9 | 10 | 1 |
| g | 8 | 8 | 5 | 6 | 8 | 8 | 9 | 1 |
| h | 7 | 4 | 6 | 5 | 5 | 6 | 6 | 0 |
| i | 6 | 4 | 5 | 4 | 7 | 7 | 8 | 0 |
| j | 5 | 4 | 4 | 5 | 5 | 7 | 6 | 0 |
| k | 7 | 6 | 6 | 5 | 7 | 8 | 7 | 1 |
| l | 7 | 5 | 7 | 7 | 8 | 9 | 9 | 1 |

それでは，このデータにしたがって説明しましょう。

まずはじめに，このデータ行列から相関係数の行列を計算します。ここでは変数は８個ですので，例17－２のような28個の相関係数が計算できます。

**例17－２　変数間の相関係数行列***

| | 国語 | 社会 | 数学 | 理科 | 英語 | 面接 | 論文 | 採否 |
|---|---|---|---|---|---|---|---|---|
| 国語 | 1.000 | | | | | | | |
| 社会 | .881 | 1.000 | | | | | | |
| 数学 | −.224 | −.215 | 1.000 | | | | | |
| 理科 | −338 | −.176 | .824 | 1.000 | | | | |
| 英語 | .841 | .859 | −.107 | −.199 | 1.000 | | | |
| 面接 | .798 | .764 | −.307 | −.370 | .894 | 1.000 | | |
| 論文 | .829 | .836 | −.106 | −.149 | .982 | .855 | 1.000 | |
| 採否 | .738 | .836 | .000 | −.119 | .867 | .863 | .798 | 1.000 |

＊対角線の部分には1.000が，さらに右上三角の部分には左下三角と同じ数値が得られます。

この相関係数行列を使ってこれから紹介するような，様々な多変量解析が可能になります。それでは，ここで多変量解析の手法について分類しておきます。

**図17－1　多変量解析の分類**

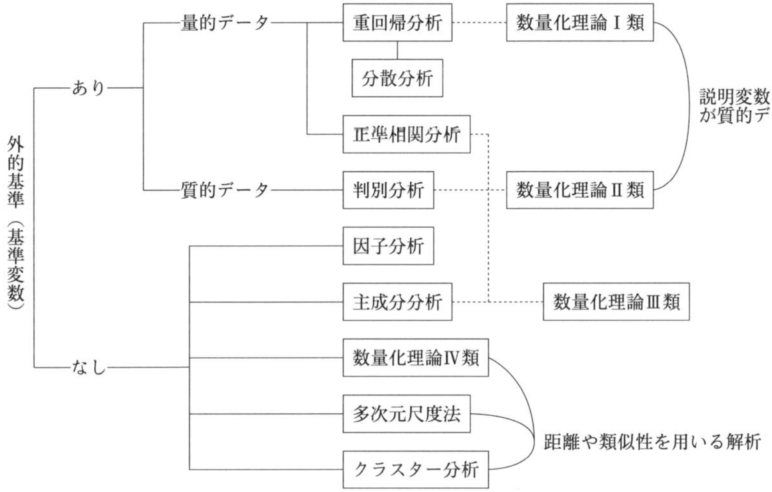


この中のいくつかの用語を解説しておきます。

**外的基準**：分析にあたって基準とする柱になる変数のことです。**目的変数**と言ってもいいですし，**従属変数**と言ってもいいでしょう。上の就職試験の成績例で言えば,「採否」を外的基準としてもいいでしょう。この例を医学検査と病気の診断にたとえると，いま，いろいろな医学検査が７個あり，その検査の結果として病気かどうか（１または０）の診断がついていれば「診断」を外的基準とします。

**質的データと量的データ**：これは第２章で説明したものです。所属クラブや性別,アンケートに対するイエス，ノーなどの反応は質的データです，これに対して身長や所得のような変数は量的データです。多変量解析用のソフトではいずれの変数でも解析することができるように工夫されています。

## 1 重回帰分析

重回帰分析は外的基準となる１つの変数の変動を他の多数の変数の変動で予測,

説明します。

データ例を使ってみましょう。ここでは外的基準として「論文テストの成績」を考えてみます，そしてこれを他の**説明変数**，例えば「英語」「国語」などでどれくらい説明できるか，ということを計算してみます。ここでは，

「論文テストの成績」＝「国語」＋「社会」＋……＋「面接」＋定数

という重回帰方程式の形で予測あるいは説明しようとします。数式で書けば次のようです。

$$y = \beta 1X1 + \beta 2X2 + \cdots\cdots + \beta nXn + c \quad \cdots\cdots\cdots\cdots(17.1式)$$

$\beta 1$，$\beta 2$ は変数にかかる係数（重み）で偏回帰係数と言います。これが大きいほどその変数が持つ重みが重いことを表します。最後の $c$ は定数です。一般に市販の統計解析プログラムを使うと，結果として「定数がある場合」と「ない場合」が出力されますが，定数がある場合は $\beta 1$，$\beta 2$ は偏回帰係数と言って実際の数字をそのまま予測式に代入して「論文テストの成績」を予測できます。しかし，定数がない時は標準化偏回帰係数と言って実際の数字を代入して予測ができませんが，それぞれの変数がどのくらい「論文テストの成績」を予測しうるのかを相対的に比較できます。ここでは，予測式は次のようになります（ここではSPSSという統計パッケージを使った計算結果が示されています)。

「論文テストの成績」＝.180「国語」－.211「社会」－.330「数学」
＋.258「理科」＋1.249「英語」－.217「面接」＋1.123

この式の中に個人のそれぞれの点数を代入すれば，論文テストで何点とれるか予測できます。そして，この予測率は重相関係数の 2 乗で表現されます。ここでは，$r^2 = .991^2 = .983$ つまり論文テストの成績は英語，国語などの成績から98%予測できるというわけです。また分散分析の結果を見るとこの重回帰式は予測に役立つということが，$F$ 値とその検定結果から分かります。

また，定数をはずした分析結果（標準化係数が出力されています）からは各変数の相対的な重みが計算されています。結果からするとこの採用試験の合否は「英語」にかかっているということが分かります。

### 例17－3　論文テスト（従属変数）に対する重回帰分析の解析結果

モデル集計

| モデル | $R$ | $R^2$ | 調整済み $R^2$ | 推定値の標準誤差 |
|---|---|---|---|---|
| 1 | .991* | .983 | .962 | .296 |

＊予測値：(定数)，面接，数学，社会，理科，国語，英語。

分散分析*

| モデル | | 平方和 | 自由度 | 平均平方 | $F$ 値 | 有意確率 |
|---|---|---|---|---|---|---|
| 1 | 回帰 | 25.228 | 6 | 4.205 | 47.874 | .000** |
| | 残差 | .439 | 5 | .088 | | |
| | 全体 | 25.667 | 11 | | | |

＊従属変数：論文
＊＊予測値：(定数)，面接，数学，社会，理科，国語，英語。

係数*

| モデル | | 非標準化係数 | | 標準化係数 | $t$ | 有意確率 |
|---|---|---|---|---|---|---|
| | | $\beta$ | 標準誤差 | $\beta$ | | |
| 1 | (定数) | 1.123 | .963 | | 1.166 | .296 |
| | 国語 | .180 | .140 | .195 | 1.290 | .254 |
| | 社会 | −.211 | .136 | −.259 | −1.554 | .181 |
| | 数学 | −.330 | .168 | −.244 | −1.960 | .107 |
| | 理科 | .258 | .130 | .248 | 1.993 | .103 |
| | 英語 | 1.249 | .195 | 1.231 | 6.417 | .001 |
| | 面接 | −.217 | .178 | −.186 | −1.217 | .278 |

＊従属変数：論文

## 2 判別分析

判別分析は複数のグループがある時に（例えば採用者群と不採用者群など），ある個人がどちらのグループに属するかをデータから判断します。

判別の仕方で2つの方法に分かれます。1つは，あるケースの確率などを重回

帰分析と同じような式で求め,

$$y = \beta 1X1 + \beta 2X2 + \cdots\cdots + \beta nXn + c \cdots\cdots (17.2式)$$

その確率が最も高いグループに分類します。特にグループが $A$ と $B$ の 2 つの時はこの 2 つの $y$ の差を求めて，正の時は $A$ グループ，負の時は $B$ グループなどと判別します。

もう一つの方法は正準判別分析と言って，異なったグループのケースにはできるだけ遠く離れた得点を，同じグループのケースにはできるだけ近い得点を与えるような方程式（17.2式）を求めて，それぞれのグループの得点平均を計算します。そしてあるケースをその得点によって，どちらのグループに近いかで判別します。

このように，判別分析では，すでに分類されている対象があり，それから分類に有効な変数を見つけたり，分類するための方程式を作ったりします。これに対

**例17－4　判別分析の解析結果**

固定値

| 関数 | 固有値 | 分散の％ | 累積％ | 正準相関 |
|---|---|---|---|---|
| 1 | 19.383* | 100.0 | 100.0 | .975 |

＊最初の 1 個の正準判別関数が分析に使用されました。

Wilksのラムダ

| 関数の検定 | Wilksのラムダ | $\chi^2$ | 自由度 | 有意確率 |
|---|---|---|---|---|
| 1 | .049 | 19.596 | 7 | .007 |

標準化された正準判別係数

| | 関数 |
|---|---|
| | 1 |
| 国語 | −1.369 |
| 社会 | 2.171 |
| 数学 | 2.457 |
| 理科 | −1.296 |
| 英語 | .424 |
| 面接 | 1.860 |
| 論文 | −1.114 |

して，クラスター分析は全く外的基準による情報がなく分類されていないケースなどを解析する手法です。

ここでは，「国語」から「論文」までのどの変数で就職試験の「採否」（ここでは１と０）をどれくらい判別できるかを解析します。

固有値は大きく，ウィルクスの$\lambda$は0に近いのでうまく判別できているということを示しています。有意確率（ここでは$\chi^2$検定の結果）では有意ですから，グループ間に差があるということです。解析結果からすると，正準判別係数は前頁の表のようになっています。数学に2.457，国語に－1.369などという係数を与えて計算した時にうまく採否を判別できるようです。

## 3 因子分析

多変量解析の中でも最もよく利用される方法です。この方法の特徴は多くの変数の中から重要な潜在的な共通因子を抽出することができます。ここでは英語，国語に共通の因子や数学や理科に共通の因子などを探して，数量的に評価することができます。

例題を因子分析した結果，重要な因子は２個あるようです。それは固有値が1.0以上の因子が２個あることで分かります。この２個の因子で全体の89.9%が説明されます。因子行列を見ると，第１因子は，国語，社会，英語，面接，論文などに共通の潜在因子であり，第２因子は数学と理科に共通した潜在因子です。さらに，この因子をもっと解釈しやすいように因子回転という技法を施してやると，回転後の因子行列がえられます。

ここで，因子負荷量の高い変数ほどその因子に貢献しているわけです。因子分析はここで７個の変数によるテストをしていても，実は大きく分けて２種類の能力（因子）に関連したテストつまり１つは英語に代表されるような語学や文系の能力に関係したテスト，もう１つは理科などに代表される理系の能力に関係したテストをしたことが分かります。もし，これらのテストを簡単にするのならば，英語と理科の２つのテストをすればおおよその見当はつくということが解析結果から分かります。このように，因子分析をすることによって変数間の関係構造を探ったり，多くの変数を少数の変数でまとめたり，複雑そうに見える現象を簡単に要約したりすることができます。

**例17－5　因子分析による解析結果**

共通性

| | 初期 | 因子抽出後 |
|---|---|---|
| 国語 | .888 | .815 |
| 社会 | .917 | .796 |
| 数学 | .875 | .773 |
| 理科 | .877 | .881 |
| 英語 | .990 | .980 |
| 面接 | .887 | .817 |
| 論文 | .983 | .933 |

因子抽出法：主因子法

説明された分散の合計

| 因子 | 初期の固有値 | | | 抽出後の負荷量平方和 | | | 回転後の負荷量平方和 | | |
|---|---|---|---|---|---|---|---|---|---|
| | 合計 | 分散の% | 累積% | 合計 | 分散の% | 累積% | 合計 | 分散の% | 累積% |
| 1 | 4.594 | 65.634 | 65.634 | 4.464 | 63.767 | 63.767 | 4.242 | 60.605 | 60.605 |
| 2 | 1.695 | 24.219 | 89.853 | 1.531 | 21.877 | 85.645 | 1.753 | 25.040 | 85.645 |
| 3 | .299 | 4.273 | 94.125 | | | | | | |
| 4 | .209 | 2.987 | 97.112 | | | | | | |
| 5 | .121 | 1.726 | 98.839 | | | | | | |
| 6 | .075 | 1.079 | 99.918 | | | | | | |
| 7 | .006 | .082 | 100.000 | | | | | | |

因子抽出法：主因子法

因子行列*

| | 因子 | |
|---|---|---|
| | 1 | 2 |
| 国語 | .902 | .037 |
| 社会 | .881 | .140 |
| 数学 | －.328 | .816 |
| 理科 | －.389 | .854 |
| 英語 | .962 | .231 |
| 面接 | .904 | －.014 |
| 論文 | .933 | .250 |

因子抽出法：主因子法

＊ 2 個の因子の抽出が試みられました。

回転後の因子行列*

| | 因子 | |
|---|---|---|
| | 1 | 2 |
| 国語 | .878 | −.212 |
| 社会 | .886 | −.107 |
| 数学 | −.091 | .874 |
| 理科 | −.140 | .928 |
| 英語 | .989 | −.043 |
| 面接 | .865 | −.262 |
| 論文 | .966 | −.016 |

因子抽出法：主因子法
回転法：Kaiserの正規化を伴わないバリマックス法
＊第１因子は言語能力因子，第２因子は理数系能力因子のようです。

## 4 クラスター分析

クラスター分析は多くの変数を分類したり，あるいは被験者や学生などの個体を分類してくれます。ここでは，学生12人の間の類似性（どれくらいお互いに似ているか）を手がかりにして分類してみましょう。類似性の指標としては相関係数や個体間の距離を使います。距離の測り方にはいろいろな方法がありますが，ここでは平方ユークリッド距離を使っています。解析方法は個体間の距離で近い順に１つのグループ（クラスター）としてゆきます。ここでは平均連結法という分類法をとっています。分類法によっては少し結果が食い違うこともありますので，最も合理的な解釈ができるまで，いろいろの方法で試してみることも必要です。これによると，ｅ君とｆ君が１つのクラスターになりこのグループにｇ君が連結されます。次いでｄ君とｌ君が１つになり，これとｅ君たちのグループが１つのクラスターになっています。また，ｂ君とｃ君，ｉ君とｋ君，ｈ君とｊ君が１つになり，これらのグループがさらに融合して最後にａ君が加わります。このようにしてみると大きなクラスターは２個あることが分かります。

アウトプットには個人からグループへと次々と一まとめになっていく様子がクラスター凝集経過として示されて，最後に，デンドログラムとして全体の分類結果が得られます。このようにして，クラスター分析は複雑な構造を持ったデータでも全体を見通せるような分類を行います。多変量解析にはここで紹介した手法以外にも強力で便利な方法があります。

**例17－6　クラスター分析による解析結果**

平均連結法による（グループ間）クラスター凝集経過

| 段階 | 結合されたクラスター | | 係　数 | クラスター初出の段階 | | 次の段階 |
|---|---|---|---|---|---|---|
| | クラスター1 | クラスター2 | | クラスター1 | クラスター2 | |
| 1 | e | f | 4.000 | 0 | 0 | 4 |
| 2 | b | c | 5.000 | 0 | 0 | 8 |
| 3 | d | l | 6.000 | 0 | 0 | 9 |
| 4 | e | g | 7.000 | 1 | 0 | 9 |
| 5 | i | k | 9.000 | 0 | 0 | 7 |
| 6 | h | j | 9.000 | 0 | 0 | 7 |
| 7 | h | i | 13.500 | 6 | 5 | 8 |
| 8 | b | h | 15.250 | 2 | 7 | 10 |
| 9 | d | e | 16.667 | 3 | 4 | 11 |
| 10 | a | b | 32.833 | 0 | 8 | 11 |
| 11 | a | d | 45.429 | 10 | 9 | 0 |

**図17－2**　デンドログラム

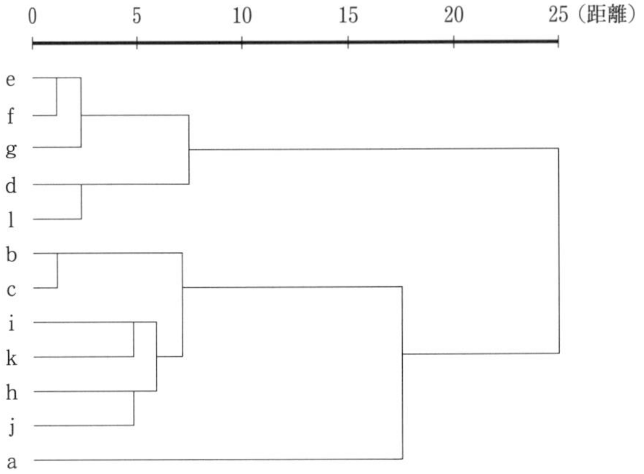

# 付　　表

1．乱数表

2．正規分布表

3．$t$ 分布表

4．$\chi^2$ 分布表

5．$F$ 分布表

6．相関係数の有意水準

7．順位相関係数の有意水準

## 付表 1　乱数表

| | | | | |
|---|---|---|---|---|
| 36 18 68 34 61 | 31 50 05 93 36 | 91 25 63 32 05 | 82 19 22 21 06 | 41 15 42 99 98 |
| 57 38 54 61 42 | 59 32 09 03 87 | 29 30 45 37 14 | 72 47 68 13 45 | 50 17 19 34 74 |
| 57 11 25 65 27 | 10 36 17 43 33 | 29 77 53 25 60 | 29 36 84 49 55 | 19 85 55 68 92 |
| 40 77 95 58 06 | 17 44 26 84 07 | 93 60 97 91 92 | 86 51 06 41 60 | 15 27 14 38 77 |
| 99 89 34 79 60 | 96 29 32 29 78 | 58 21 80 03 65 | 14 27 60 39 03 | 70 26 30 84 03 |
| 15 95 66 43 81 | 70 27 36 66 09 | 29 52 04 68 97 | 64 48 40 33 78 | 19 05 12 41 29 |
| 14 03 38 30 57 | 89 49 30 34 98 | 98 03 91 40 21 | 64 90 23 51 75 | 23 21 90 76 33 |
| 50 60 61 67 04 | 66 61 29 01 43 | 53 88 63 44 34 | 06 82 25 51 84 | 79 01 09 01 04 |
| 48 19 91 92 31 | 64 09 63 34 90 | 94 14 83 84 53 | 84 99 87 74 65 | 65 94 25 18 85 |
| 51 74 42 13 90 | 46 72 95 67 42 | 77 94 73 37 57 | 93 45 06 37 88 | 70 65 13 80 11 |
| 09 39 91 02 37 | 55 94 41 21 53 | 20 31 41 56 91 | 76 09 79 33 24 | 57 51 64 04 96 |
| 88 50 17 23 74 | 72 49 37 82 80 | 28 08 47 55 65 | 21 34 77 04 15 | 49 91 63 53 55 |
| 19 10 09 20 50 | 74 47 08 59 38 | 15 65 36 25 02 | 74 97 07 06 04 | 73 87 05 51 28 |
| 66 11 96 15 51 | 94 46 11 37 11 | 66 76 49 12 63 | 08 65 47 73 91 | 52 19 90 37 35 |
| 41 34 37 13 41 | 75 37 31 12 70 | 99 65 72 50 42 | 04 01 13 31 95 | 58 74 12 89 41 |
| 38 78 47 99 65 | 90 57 77 69 57 | 16 92 38 77 12 | 09 23 90 76 64 | 54 70 90 33 85 |
| 72 37 54 57 31 | 16 90 71 93 80 | 25 81 31 44 31 | 75 10 78 35 27 | 90 93 78 15 29 |
| 34 56 30 62 15 | 49 13 26 54 91 | 05 64 36 08 25 | 72 02 06 76 65 | 17 64 23 95 96 |
| 73 50 59 22 80 | 86 61 52 17 06 | 61 04 33 05 88 | 78 96 02 68 40 | 53 60 26 12 34 |
| 68 56 44 17 15 | 33 84 87 26 37 | 91 14 76 18 50 | 93 84 76 21 53 | 28 12 82 05 93 |
| 67 08 45 77 60 | 10 39 42 00 21 | 94 17 18 57 40 | 32 75 90 79 98 | 80 28 11 54 41 |
| 18 67 44 75 61 | 62 46 72 45 31 | 73 77 64 73 81 | 45 34 41 83 34 | 81 29 74 93 70 |
| 08 46 21 74 83 | 60 61 99 06 67 | 95 31 91 58 22 | 14 69 75 32 65 | 47 57 37 28 51 |
| 03 23 66 27 99 | 34 39 16 39 42 | 07 70 51 59 02 | 44 36 71 93 71 | 87 23 71 77 32 |
| 66 57 19 14 46 | 70 01 31 78 03 | 97 45 95 56 56 | 24 12 82 59 22 | 18 39 97 75 14 |
| 99 79 41 94 93 | 23 35 91 21 90 | 10 32 10 34 88 | 85 31 16 53 80 | 64 98 06 22 47 |
| 28 81 50 13 12 | 07 30 34 56 88 | 76 38 66 32 22 | 97 65 41 68 19 | 48 42 78 83 47 |
| 03 28 21 07 40 | 50 01 26 66 31 | 12 37 40 55 42 | 84 66 62 27 57 | 49 31 40 08 44 |
| 35 54 70 21 04 | 62 31 54 23 31 | 94 55 34 18 82 | 04 51 16 61 70 | 82 06 76 77 15 |
| 44 73 15 31 05 | 48 21 60 41 59 | 20 24 30 30 86 | 92 52 76 03 99 | 89 45 88 84 08 |
| 79 68 33 31 71 | 14 14 45 77 21 | 54 10 25 35 24 | 42 85 04 32 02 | 55 33 69 45 86 |
| 30 80 41 61 10 | 29 55 48 28 32 | 21 88 05 61 11 | 86 62 66 30 34 | 39 18 11 79 71 |
| 11 69 26 74 71 | 70 99 25 44 73 | 36 55 16 81 74 | 59 25 49 73 32 | 80 24 82 87 38 |
| 95 94 75 12 77 | 28 78 51 17 81 | 26 39 99 25 96 | 44 95 30 29 18 | 91 85 65 92 23 |
| 70 65 64 59 83 | 66 21 39 03 11 | 00 85 51 69 69 | 54 26 67 50 49 | 92 37 94 59 16 |
| 59 97 16 34 93 | 91 53 96 82 11 | 11 34 02 92 73 | 57 45 89 61 98 | 11 51 59 80 20 |
| 16 53 42 30 06 | 74 20 23 84 14 | 07 35 75 25 26 | 17 00 45 20 19 | 13 59 64 90 25 |
| 96 51 00 91 63 | 81 04 91 64 57 | 36 54 27 92 70 | 80 63 65 41 79 | 31 25 07 57 21 |
| 62 77 96 10 74 | 31 73 90 79 57 | 81 47 20 74 39 | 46 51 03 03 14 | 90 01 83 14 01 |
| 03 68 09 86 63 | 42 67 27 85 97 | 02 53 68 73 01 | 16 24 34 43 36 | 22 55 28 83 28 |
| 06 95 16 39 55 | 61 67 55 01 15 | 30 95 08 46 49 | 28 75 78 61 94 | 67 69 29 88 84 |
| 55 57 37 60 41 | 60 01 64 30 29 | 61 63 23 22 34 | 48 51 59 19 31 | 38 44 98 46 93 |
| 44 91 48 90 02 | 88 83 88 05 47 | 28 49 09 56 15 | 48 44 41 25 02 | 24 19 81 82 56 |
| 05 14 83 65 68 | 88 77 51 17 70 | 11 10 57 36 27 | 60 52 02 31 62 | 92 15 28 79 38 |
| 20 78 62 13 36 | 90 51 25 04 91 | 75 45 04 53 22 | 78 48 27 68 54 | 51 64 34 74 07 |
| 98 06 70 72 71 | 70 51 44 92 91 | 12 03 35 01 07 | 47 76 06 14 54 | 85 70 89 98 46 |
| 50 31 37 67 31 | 32 72 98 09 57 | 41 78 38 28 67 | 98 79 02 61 11 | 36 63 28 07 35 |
| 34 30 07 90 06 | 72 12 18 77 44 | 04 56 70 94 11 | 88 05 08 49 30 | 71 48 34 57 05 |
| 67 57 82 21 32 | 31 09 95 56 43 | 93 49 49 62 00 | 79 78 27 84 27 | 24 32 69 44 48 |
| 43 78 24 66 43 | 48 63 45 69 35 | 50 48 83 19 92 | 76 12 36 57 17 | 99 21 97 05 05 |

## 付表 2　正規分布表

| $z$ | 0.00 | 0.01 | 0.02 | 0.03 | 0.04 | 0.05 | 0.06 | 0.07 | 0.08 | 0.09 |
|---|---|---|---|---|---|---|---|---|---|---|
| 0.0 | .0000 | .0040 | .0080 | .0120 | .0160 | .0199 | .0239 | .0279 | .0319 | .0359 |
| 0.1 | .0398 | .0438 | .0478 | .0517 | .0557 | .0596 | .0636 | .0675 | .0714 | .0753 |
| 0.2 | .0793 | .0832 | .0871 | .0910 | .0948 | .0987 | .1026 | .1064 | .1103 | .1141 |
| 0.3 | .1179 | .1217 | .1255 | .1293 | .1331 | .1368 | .1406 | .1443 | .1480 | .1517 |
| 0.4 | .1554 | .1591 | .1628 | .1664 | .1700 | .1736 | .1772 | .1808 | .1844 | .1879 |
| 0.5 | .1915 | .1950 | .1985 | .2019 | .2054 | .2088 | .2123 | .2157 | .2190 | .2224 |
| 0.6 | .2257 | .2291 | .2324 | .2357 | .2389 | .2422 | .2454 | .2486 | .2517 | .2549 |
| 0.7 | .2580 | .2611 | .2642 | .2673 | .2704 | .2734 | .2764 | .2794 | .2823 | .2852 |
| 0.8 | .2881 | .2910 | .2939 | .2967 | .2995 | .3023 | .3051 | .3078 | .3106 | .3133 |
| 0.9 | .3159 | .3186 | .3212 | .3238 | .3264 | .3289 | .3315 | .3340 | .3365 | .3389 |
| 1.0 | .3413 | .3438 | .3461 | .3485 | .3508 | .3531 | .3554 | .3577 | .3599 | .3621 |
| 1.1 | .3643 | .3665 | .3686 | .3708 | .3729 | .3749 | .3770 | .3790 | .3810 | .3830 |
| 1.2 | .3849 | .3869 | .3888 | .3907 | .3925 | .3944 | .3962 | .3980 | .3997 | .4015 |
| 1.3 | .4032 | .4049 | .4066 | .4082 | .4099 | .4115 | .4131 | .4147 | .4162 | .4177 |
| 1.4 | .4192 | .4207 | .4222 | .4236 | .4251 | .4265 | .4279 | .4292 | .4306 | .4319 |
| 1.5 | .4332 | .4345 | .4357 | .4370 | .4382 | .4394 | .4406 | .4418 | .4429 | .4441 |
| 1.6 | .4452 | .4463 | .4474 | .4484 | .4495 | .4505 | .4515 | .4525 | .4535 | .4545 |
| 1.7 | .4554 | .4564 | .4573 | .4582 | .4591 | .4599 | .4608 | .4616 | .4625 | .4633 |
| 1.8 | .4641 | .4649 | .4656 | .4664 | .4671 | .4678 | .4686 | .4693 | .4699 | .4706 |
| 1.9 | .4713 | .4719 | .4726 | .4732 | .4738 | .4744 | .4750 | .4756 | .4761 | .4767 |
| 2.0 | .4772 | .4778 | .4783 | .4788 | .4793 | .4798 | .4803 | .4808 | .4812 | .4817 |
| 2.1 | .4821 | .4826 | .4830 | .4834 | .4838 | .4842 | .4846 | .4850 | .4854 | .4857 |
| 2.2 | .4861 | .4864 | .4868 | .4871 | .4875 | .4878 | .4881 | .4884 | .4887 | .4890 |
| 2.3 | .4893 | .4896 | .4898 | .4901 | .4904 | .4906 | .4909 | .4911 | .4913 | .4916 |
| 2.4 | .4918 | .4920 | .4922 | .4925 | .4927 | .4929 | .4931 | .4932 | .4934 | .4936 |
| 2.5 | .4938 | .4940 | .4941 | .4943 | .4945 | .4946 | .4948 | .4949 | .4951 | .4952 |
| 2.6 | .4953 | .4955 | .4956 | .4957 | .4959 | .4960 | .4961 | .4962 | .4963 | .4964 |
| 2.7 | .4965 | .4966 | .4967 | .4968 | .4969 | .4970 | .4971 | .4972 | .4973 | .4974 |
| 2.8 | .4974 | .4975 | .4976 | .4977 | .4977 | .4978 | .4979 | .4979 | .4980 | .4981 |
| 2.9 | .4981 | .4982 | .4982 | .4983 | .4984 | .4984 | .4985 | .4985 | .4986 | .4986 |
| 3.0 | .4987 | .4987 | .4987 | .4988 | .4988 | .4989 | .4989 | .4989 | .4990 | .4990 |
| 3.1 | .4990 | .4991 | .4991 | .4991 | .4992 | .4992 | .4992 | .4992 | .4993 | .4993 |

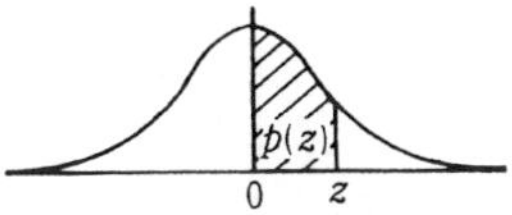

# 付表 3　$t$ 分布表

| $\phi = n-1$ ＼ $\alpha$ | 0.1 | 0.05 | 0.02 | 0.01 | 0.001 |
|---|---|---|---|---|---|
| 1 | 6.314 | 12.706 | 31.821 | 63.657 | 636.619 |
| 2 | 2.920 | 4.303 | 6.965 | 9.925 | 31.598 |
| 3 | 2.353 | 3.182 | 4.541 | 5.841 | 12.941 |
| 4 | 2.132 | 2.776 | 3.747 | 4.604 | 8.610 |
| 5 | 2.015 | 2.571 | 3.365 | 4.032 | 6.859 |
| 6 | 1.943 | 2.447 | 3.143 | 3.707 | 5.959 |
| 7 | 1.895 | 2.365 | 2.998 | 3.499 | 5.405 |
| 8 | 1.860 | 2.306 | 2.896 | 3.355 | 5.041 |
| 9 | 1.833 | 2.262 | 2.821 | 3.250 | 4.781 |
| 10 | 1.812 | 2.228 | 2.764 | 3.169 | 4.587 |
| 11 | 1.796 | 2.201 | 2.718 | 3.106 | 4.437 |
| 12 | 1.782 | 2.179 | 2.681 | 3.055 | 4.318 |
| 13 | 1.771 | 2.160 | 2.650 | 3.012 | 4.221 |
| 14 | 1.761 | 2.145 | 2.624 | 2.977 | 4.140 |
| 15 | 1.753 | 2.131 | 2.602 | 2.947 | 4.073 |
| 16 | 1.746 | 2.120 | 2.583 | 2.921 | 4.015 |
| 17 | 1.740 | 2.110 | 2.567 | 2.898 | 3.965 |
| 18 | 1.734 | 2.101 | 2.552 | 2.878 | 3.922 |
| 19 | 1.729 | 2.093 | 2.539 | 2.861 | 3.883 |
| 20 | 1.725 | 2.086 | 2.528 | 2.845 | 3.850 |
| 21 | 1.721 | 2.080 | 2.518 | 2.831 | 3.819 |
| 22 | 1.717 | 2.074 | 2.508 | 2.819 | 3.792 |
| 23 | 1.714 | 2.069 | 2.500 | 2.807 | 3.767 |
| 24 | 1.711 | 2.064 | 2.492 | 2.797 | 3.745 |
| 25 | 1.708 | 2.060 | 2.485 | 2.787 | 3.725 |
| 26 | 1.706 | 2.056 | 2.497 | 2.779 | 3.707 |
| 27 | 1.703 | 2.052 | 2.473 | 2.771 | 3.690 |
| 28 | 1.701 | 2.048 | 2.467 | 2.763 | 3.674 |
| 29 | 1.699 | 2.045 | 2.462 | 2.756 | 3.659 |
| 30 | 1.697 | 2.042 | 2.457 | 2.750 | 3.646 |
| 40 | 1.684 | 2.021 | 2.423 | 2.704 | 3.551 |
| 60 | 1.671 | 2.000 | 2.390 | 2.660 | 3.460 |
| 120 | 1.658 | 1.980 | 2.358 | 2.617 | 3.373 |
| ∞ | 1.645 | 1.960 | 2.326 | 2.575 | 3.291 |

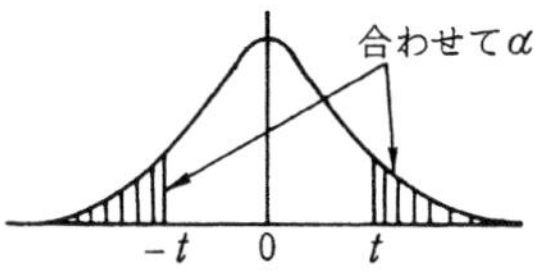

## 付表 4　$\chi^2$ 分布表

| $\phi = n-1$ \ $\alpha$ | 0.995 | 0.990 | 0.975 | 0.950 | 0.900 | 0.750 | 0.500 | 0.250 | 0.100 | 0.050 | 0.025 | 0.010 | 0.005 |
|---|---|---|---|---|---|---|---|---|---|---|---|---|---|
| 1 | … | … | … | 0.003 | 0.02 | 0.10 | 0.45 | 1.32 | 2.71 | 3.84 | 5.02 | 6.63 | 7.88 |
| 2 | 0.01 | 0.02 | 0.05 | 0.10 | 0.21 | 0.58 | 1.39 | 2.77 | 4.61 | 5.99 | 7.38 | 9.21 | 10.60 |
| 3 | 0.07 | 0.11 | 0.22 | 0.35 | 0.58 | 1.21 | 2.37 | 4.11 | 6.25 | 7.81 | 9.35 | 11.34 | 12.84 |
| 4 | 0.21 | 0.30 | 0.48 | 0.71 | 1.06 | 1.92 | 3.36 | 5.39 | 7.78 | 9.49 | 11.14 | 13.28 | 14.86 |
| 5 | 0.41 | 0.55 | 0.83 | 1.15 | 1.61 | 2.67 | 4.35 | 6.63 | 9.24 | 11.07 | 12.83 | 15.09 | 16.75 |
| 6 | 0.68 | 0.87 | 1.24 | 1.64 | 2.20 | 3.45 | 5.35 | 7.84 | 10.64 | 12.59 | 14.45 | 16.81 | 18.55 |
| 7 | 0.99 | 1.24 | 1.69 | 2.17 | 2.83 | 4.25 | 6.35 | 9.04 | 12.02 | 14.07 | 16.01 | 18.48 | 20.28 |
| 8 | 1.34 | 1.65 | 2.18 | 2.73 | 3.49 | 5.07 | 7.34 | 10.22 | 13.36 | 15.51 | 17.53 | 20.09 | 21.96 |
| 9 | 1.73 | 2.09 | 2.70 | 3.33 | 4.17 | 5.90 | 8.34 | 11.39 | 14.68 | 16.92 | 19.02 | 21.67 | 23.59 |
| 10 | 2.16 | 2.56 | 3.25 | 3.94 | 4.87 | 6.74 | 9.34 | 12.55 | 15.99 | 18.31 | 20.48 | 23.21 | 25.19 |
| 11 | 2.60 | 3.05 | 3.82 | 4.57 | 5.58 | 7.58 | 10.34 | 13.70 | 17.28 | 19.68 | 21.92 | 24.72 | 26.76 |
| 12 | 3.07 | 3.57 | 4.40 | 5.23 | 6.30 | 8.44 | 11.34 | 14.85 | 18.55 | 21.03 | 23.34 | 26.22 | 28.30 |
| 13 | 3.57 | 4.11 | 5.01 | 5.89 | 7.04 | 9.30 | 12.34 | 15.98 | 19.81 | 22.36 | 24.74 | 27.69 | 29.82 |
| 14 | 4.07 | 4.66 | 5.63 | 6.57 | 7.79 | 10.17 | 13.34 | 17.12 | 21.06 | 23.68 | 26.12 | 29.14 | 31.32 |
| 15 | 4.60 | 5.23 | 6.27 | 7.26 | 8.55 | 11.04 | 14.34 | 18.25 | 22.31 | 25.00 | 27.49 | 30.58 | 32.80 |
| 16 | 5.14 | 5.81 | 6.91 | 7.96 | 9.31 | 11.91 | 15.34 | 19.37 | 23.54 | 26.30 | 28.85 | 32.00 | 34.27 |
| 17 | 5.70 | 6.41 | 7.56 | 8.67 | 10.09 | 12.79 | 16.34 | 20.49 | 24.77 | 27.59 | 30.19 | 33.41 | 35.72 |
| 18 | 6.26 | 7.01 | 8.23 | 9.39 | 10.86 | 13.68 | 17.34 | 21.60 | 25.99 | 28.87 | 31.53 | 34.81 | 37.16 |
| 19 | 6.84 | 7.63 | 8.91 | 10.12 | 11.65 | 14.56 | 18.34 | 22.72 | 27.20 | 30.14 | 32.85 | 36.19 | 38.58 |
| 20 | 7.43 | 8.26 | 9.59 | 10.85 | 12.44 | 15.45 | 19.34 | 23.83 | 28.41 | 31.41 | 34.17 | 37.57 | 40.00 |
| 21 | 8.03 | 8.90 | 10.28 | 11.59 | 13.24 | 16.34 | 20.34 | 24.93 | 29.62 | 32.67 | 35.48 | 38.93 | 41.40 |
| 22 | 8.64 | 9.54 | 10.98 | 12.34 | 14.04 | 17.24 | 21.34 | 26.04 | 30.81 | 33.92 | 36.78 | 40.29 | 42.80 |
| 23 | 9.26 | 10.20 | 11.69 | 13.09 | 14.85 | 18.14 | 22.34 | 27.14 | 32.01 | 35.17 | 38.08 | 41.64 | 44.18 |
| 24 | 9.89 | 10.86 | 12.40 | 13.85 | 15.66 | 19.04 | 23.34 | 28.24 | 33.20 | 36.42 | 39.36 | 42.98 | 45.56 |
| 25 | 10.52 | 11.52 | 13.12 | 14.61 | 16.47 | 19.94 | 24.34 | 29.34 | 34.38 | 37.65 | 40.65 | 44.31 | 46.93 |
| 26 | 11.16 | 12.20 | 13.84 | 15.38 | 17.29 | 20.84 | 25.34 | 30.43 | 35.56 | 38.89 | 41.92 | 45.64 | 48.29 |
| 27 | 11.81 | 12.88 | 14.57 | 16.15 | 18.11 | 21.75 | 26.34 | 31.53 | 36.74 | 40.11 | 43.19 | 46.96 | 49.64 |
| 28 | 12.46 | 13.56 | 15.31 | 16.93 | 18.94 | 22.66 | 27.34 | 32.62 | 37.92 | 41.34 | 44.46 | 48.28 | 50.99 |
| 29 | 13.12 | 14.26 | 16.05 | 17.71 | 19.77 | 23.57 | 28.34 | 33.71 | 39.09 | 42.56 | 45.72 | 49.59 | 52.34 |
| 30 | 13.79 | 14.95 | 16.79 | 18.49 | 20.60 | 24.48 | 29.34 | 34.80 | 40.26 | 43.77 | 46.98 | 50.89 | 53.67 |
| 40 | 20.71 | 22.16 | 24.43 | 26.51 | 29.05 | 33.66 | 39.34 | 45.62 | 51.80 | 55.76 | 59.34 | 63.69 | 66.77 |
| 50 | 27.99 | 29.71 | 32.36 | 34.76 | 37.69 | 42.94 | 49.33 | 56.33 | 63.17 | 67.50 | 71.42 | 76.15 | 79.49 |
| 60 | 35.53 | 37.48 | 40.48 | 43.19 | 46.46 | 52.29 | 59.33 | 66.98 | 74.40 | 79.08 | 83.30 | 88.38 | 91.95 |
| 70 | 43.28 | 45.44 | 48.76 | 51.74 | 55.33 | 61.70 | 69.33 | 77.58 | 85.53 | 90.53 | 95.02 | 100.42 | 104.22 |
| 80 | 51.17 | 53.54 | 57.15 | 60.39 | 64.28 | 71.14 | 79.33 | 88.13 | 96.58 | 101.88 | 106.63 | 112.33 | 116.32 |
| 90 | 59.20 | 61.75 | 65.65 | 69.13 | 73.29 | 80.62 | 89.33 | 98.64 | 107.56 | 113.14 | 118.14 | 124.12 | 128.30 |
| 100 | 67.33 | 70.06 | 74.22 | 77.93 | 82.36 | 90.13 | 99.33 | 109.14 | 118.50 | 124.34 | 129.56 | 135.81 | 140.17 |

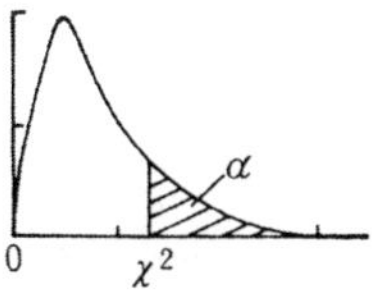


確率$\alpha$，自由度$\phi$に対して右側の確率が$\alpha$となる。$\chi^2$の値（$\chi^2_\alpha$）を示す。

## 付表５－１　$F$ 分布表　$a = 0.05$

| $\phi_2$ ＼ $\phi_1$ | 1 | 2 | 3 | 4 | 5 | 6 | 7 | 8 | 9 |
|---|---|---|---|---|---|---|---|---|---|
| 1 | 161.5 | 119.5 | 215.7 | 224.6 | 230.2 | 234.0 | 236.8 | 238.9 | 240.5 |
| 2 | 18.51 | 19.00 | 19.16 | 19.25 | 19.30 | 19.33 | 19.35 | 19.37 | 19.39 |
| 3 | 10.13 | 9.55 | 9.28 | 9.12 | 9.01 | 8.94 | 8.89 | 8.85 | 8.81 |
| 4 | 7.71 | 6.94 | 6.59 | 6.39 | 6.26 | 6.16 | 6.09 | 6.04 | 6.00 |
| 5 | 6.61 | 5.79 | 5.41 | 5.19 | 5.05 | 4.95 | 4.88 | 4.82 | 4.77 |
| 6 | 5.99 | 5.14 | 4.76 | 4.53 | 4.39 | 4.28 | 4.21 | 4.15 | 4.10 |
| 7 | 5.59 | 4.74 | 4.35 | 4.12 | 3.97 | 3.87 | 3.79 | 3.73 | 3.68 |
| 8 | 5.32 | 4.46 | 4.07 | 3.84 | 3.69 | 3.58 | 3.50 | 3.44 | 3.39 |
| 9 | 5.12 | 4.26 | 3.86 | 3.63 | 3.48 | 3.37 | 3.29 | 3.23 | 3.18 |
| 10 | 4.96 | 4.10 | 3.71 | 3.48 | 3.33 | 3.22 | 3.14 | 3.07 | 3.02 |
| 11 | 4.84 | 3.98 | 3.59 | 3.36 | 3.20 | 3.09 | 3.01 | 2.95 | 2.90 |
| 12 | 4.75 | 3.89 | 3.49 | 3.26 | 3.11 | 3.00 | 2.91 | 2.85 | 2.80 |
| 13 | 4.67 | 3.81 | 3.41 | 3.18 | 3.03 | 2.92 | 2.83 | 2.77 | 2.71 |
| 14 | 4.60 | 3.74 | 3.34 | 3.11 | 2.96 | 2.85 | 2.76 | 2.70 | 2.65 |
| 15 | 4.54 | 3.68 | 3.29 | 3.06 | 2.90 | 2.79 | 2.71 | 2.64 | 2.59 |
| 16 | 4.49 | 3.63 | 3.24 | 3.01 | 2.85 | 2.74 | 2.66 | 2.59 | 2.54 |
| 17 | 4.45 | 3.59 | 3.20 | 2.96 | 2.81 | 2.70 | 2.61 | 2.55 | 2.49 |
| 18 | 4.41 | 3.55 | 3.16 | 2.93 | 2.77 | 2.66 | 2.58 | 2.51 | 2.46 |
| 19 | 4.38 | 3.52 | 3.13 | 2.90 | 2.74 | 2.63 | 2.54 | 2.48 | 2.42 |
| 20 | 4.35 | 3.49 | 3.10 | 2.87 | 2.71 | 2.60 | 2.51 | 2.45 | 2.39 |
| 21 | 4.32 | 3.47 | 3.07 | 2.84 | 2.68 | 2.57 | 2.49 | 2.42 | 2.37 |
| 22 | 4.30 | 3.44 | 3.05 | 2.82 | 2.66 | 2.55 | 2.46 | 2.40 | 2.34 |
| 23 | 4.28 | 3.42 | 3.03 | 2.80 | 2.64 | 2.53 | 2.44 | 2.37 | 2.32 |
| 24 | 4.26 | 3.40 | 3.01 | 2.78 | 2.62 | 2.51 | 2.42 | 2.36 | 2.30 |
| 25 | 4.24 | 3.39 | 2.99 | 2.76 | 2.60 | 2.49 | 2.40 | 2.34 | 2.28 |
| 26 | 4.23 | 3.37 | 2.98 | 2.74 | 2.59 | 2.47 | 2.39 | 2.32 | 2.27 |
| 27 | 4.21 | 3.35 | 2.96 | 2.73 | 2.57 | 2.46 | 2.37 | 2.31 | 2.25 |
| 28 | 4.20 | 3.34 | 2.95 | 2.71 | 2.56 | 2.45 | 2.36 | 2.29 | 2.24 |
| 29 | 4.18 | 3.33 | 2.93 | 2.70 | 2.55 | 2.43 | 2.35 | 2.28 | 2.22 |
| 30 | 4.17 | 3.32 | 2.92 | 2.69 | 2.53 | 2.42 | 2.33 | 2.27 | 2.21 |
| 40 | 4.08 | 3.23 | 2.84 | 2.61 | 2.45 | 2.34 | 2.25 | 2.18 | 2.12 |
| 60 | 4.00 | 3.15 | 2.76 | 2.53 | 2.37 | 2.25 | 2.17 | 2.10 | 2.04 |
| 120 | 3.92 | 3.07 | 2.68 | 2.45 | 2.29 | 2.18 | 2.09 | 2.02 | 1.96 |
| ∞ | 3.84 | 3.00 | 2.60 | 2.37 | 2.21 | 2.10 | 2.01 | 1.94 | 1.88 |

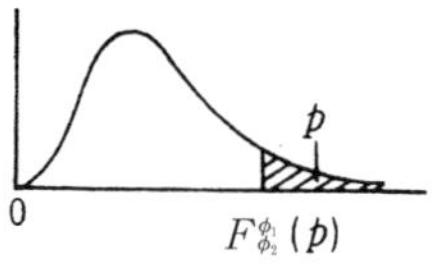

| 10 | 12 | 15 | 20 | 24 | 30 | 40 | 60 | ∞ | $\phi_1$ / $\phi_2$ |
|---|---|---|---|---|---|---|---|---|---|
| 241.9 | 243.9 | 246.0 | 248.0 | 249.1 | 250.1 | 251.1 | 252.2 | 254.3 | 1 |
| 19.40 | 19.41 | 19.43 | 19.45 | 19.45 | 19.46 | 19.47 | 19.48 | 19.50 | 2 |
| 8.79 | 8.74 | 8.70 | 8.66 | 8.64 | 8.62 | 8.59 | 8.57 | 8.53 | 3 |
| 5.96 | 5.91 | 5.86 | 5.80 | 5.77 | 5.75 | 5.72 | 5.69 | 5.63 | 4 |
| 4.74 | 4.68 | 4.62 | 4.56 | 4.53 | 4.50 | 4.46 | 4.43 | 4.37 | 5 |
| 4.06 | 4.00 | 3.94 | 3.87 | 3.84 | 3.81 | 3.77 | 3.74 | 3.67 | 6 |
| 3.64 | 3.57 | 3.51 | 3.44 | 3.41 | 3.38 | 3.34 | 3.30 | 3.23 | 7 |
| 3.35 | 3.28 | 3.22 | 3.15 | 3.12 | 3.08 | 3.04 | 3.01 | 2.93 | 8 |
| 3.14 | 3.07 | 3.01 | 2.94 | 2.90 | 2.86 | 2.83 | 2.79 | 2.71 | 9 |
| 2.98 | 2.91 | 2.85 | 2.77 | 2.74 | 2.70 | 2.66 | 2.62 | 2.54 | 10 |
| 2.85 | 2.79 | 2.72 | 2.65 | 2.61 | 2.57 | 2.53 | 2.49 | 2.40 | 11 |
| 2.75 | 2.69 | 2.62 | 2.54 | 2.51 | 2.47 | 2.43 | 2.38 | 2.30 | 12 |
| 2.67 | 2.60 | 2.53 | 2.46 | 2.42 | 2.38 | 2.34 | 2.30 | 2.21 | 13 |
| 2.60 | 2.53 | 2.46 | 2.39 | 2.35 | 2.31 | 2.27 | 2.22 | 2.13 | 14 |
| 2.54 | 2.48 | 2.40 | 2.23 | 2.29 | 2.25 | 2.20 | 2.16 | 2.07 | 15 |
| 2.49 | 2.42 | 2.35 | 2.28 | 2.24 | 2.19 | 2.15 | 2.11 | 2.01 | 16 |
| 2.45 | 2.38 | 2.31 | 2.23 | 2.19 | 2.15 | 2.10 | 2.06 | 1.96 | 17 |
| 2.41 | 2.34 | 2.27 | 2.19 | 2.15 | 2.11 | 2.06 | 2.02 | 1.92 | 18 |
| 2.38 | 2.31 | 2.23 | 2.16 | 2.11 | 2.07 | 2.03 | 1.98 | 1.88 | 19 |
| 2.35 | 2.28 | 2.20 | 2.12 | 2.08 | 2.04 | 1.99 | 1.95 | 1.84 | 20 |
| 2.32 | 2.25 | 2.18 | 2.10 | 2.05 | 2.01 | 1.96 | 1.92 | 1.81 | 21 |
| 2.30 | 2.23 | 2.15 | 2.07 | 2.03 | 1.98 | 1.94 | 1.89 | 1.78 | 22 |
| 2.27 | 2.20 | 2.13 | 2.05 | 2.01 | 1.96 | 1.91 | 1.86 | 1.71 | 23 |
| 2.25 | 2.18 | 2.11 | 2.03 | 1.98 | 1.94 | 1.89 | 1.84 | 1.73 | 24 |
| 2.24 | 2.16 | 2.09 | 2.01 | 1.96 | 1.92 | 1.87 | 1.82 | 1.71 | 25 |
| 2.22 | 2.15 | 2.07 | 1.99 | 1.95 | 1.90 | 1.85 | 1.80 | 1.69 | 26 |
| 2.20 | 2.13 | 2.06 | 1.97 | 1.93 | 1.88 | 1.84 | 1.79 | 1.67 | 27 |
| 2.19 | 2.12 | 2.04 | 1.96 | 1.91 | 1.87 | 1.82 | 1.77 | 1.65 | 28 |
| 2.18 | 2.10 | 2.03 | 1.94 | 1.90 | 1.85 | 1.81 | 1.75 | 1.64 | 29 |
| 2.16 | 2.09 | 2.01 | 1.93 | 1.89 | 1.84 | 1.79 | 1.74 | 1.62 | 30 |
| 2.08 | 2.00 | 1.92 | 1.84 | 1.79 | 1.74 | 1.69 | 1.64 | 1.51 | 40 |
| 1.99 | 1.92 | 1.84 | 1.75 | 1.70 | 1.65 | 1.59 | 1.53 | 1.39 | 60 |
| 1.91 | 1.83 | 1.75 | 1.66 | 1.61 | 1.55 | 1.50 | 1.43 | 1.25 | 120 |
| 1.83 | 1.75 | 1.67 | 1.57 | 1.52 | 1.46 | 1.39 | 1.32 | 1.00 | ∞ |

＊分子の自由度 $\phi_1$，分母の自由度 $\phi_2$ に対して $p(F_0 > F_{.05}) = 0.05$ となる。$F_{.05}$（5％点）の値を示す。

**付表 5 － 2　$F$ 分布表（$a = 0.025$）**

| $\phi_2$ \ $\phi_1$ | 1 | 2 | 3 | 4 | 5 | 6 | 7 | 8 | 9 | 10 |
|---|---|---|---|---|---|---|---|---|---|---|
| 1 | 648. | 800. | 864. | 900. | 922. | 937. | 948. | 957. | 963. | 969. |
| 2 | 38.5 | 39.0 | 39.2 | 39.2 | 39.3 | 39.3 | 39.4 | 39.4 | 39.4 | 39.4 |
| 3 | 17.4 | 16.0 | 15.4 | 15.1 | 14.9 | 14.7 | 14.6 | 14.5 | 14.5 | 14.4 |
| 4 | 12.2 | 10.6 | 9.98 | 9.60 | 9.36 | 9.20 | 9.07 | 8.98 | 8.90 | 8.84 |
| 5 | 10.0 | 8.43 | 7.76 | 7.39 | 7.15 | 6.98 | 6.85 | 6.76 | 6.68 | 6.62 |
| 6 | 8.81 | 7.26 | 6.60 | 6.23 | 5.99 | 5.82 | 5.70 | 5.60 | 5.52 | 5.46 |
| 7 | 8.07 | 6.54 | 5.89 | 5.52 | 5.29 | 5.12 | 4.99 | 4.90 | 4.82 | 4.76 |
| 8 | 7.57 | 6.06 | 5.42 | 5.05 | 4.82 | 4.65 | 4.53 | 4.43 | 4.36 | 4.30 |
| 9 | 7.21 | 5.71 | 5.08 | 4.72 | 4.48 | 4.32 | 4.20 | 4.10 | 4.03 | 3.96 |
| 10 | 6.94 | 5.46 | 4.83 | 4.47 | 4.24 | 4.07 | 3.95 | 3.85 | 3.78 | 3.72 |
| 11 | 6.72 | 5.26 | 4.63 | 4.28 | 4.04 | 3.88 | 3.76 | 3.66 | 3.59 | 3.53 |
| 12 | 6.55 | 5.10 | 4.47 | 4.12 | 3.89 | 3.73 | 3.61 | 3.51 | 3.44 | 3.37 |
| 13 | 6.41 | 4.97 | 4.35 | 4.00 | 3.77 | 3.60 | 3.48 | 3.39 | 3.31 | 3.25 |
| 14 | 6.30 | 4.86 | 4.24 | 3.89 | 3.66 | 3.50 | 3.38 | 3.29 | 3.21 | 3.15 |
| 15 | 6.20 | 4.76 | 4.15 | 3.80 | 3.58 | 3.41 | 3.29 | 3.20 | 3.12 | 3.06 |
| 16 | 6.12 | 4.69 | 4.08 | 3.73 | 3.50 | 3.34 | 3.22 | 3.12 | 3.05 | 2.99 |
| 17 | 6.04 | 4.62 | 4.01 | 3.66 | 3.44 | 3.28 | 3.16 | 3.06 | 2.98 | 2.92 |
| 18 | 5.98 | 4.56 | 3.95 | 3.61 | 3.38 | 3.22 | 3.10 | 3.01 | 2.93 | 2.87 |
| 19 | 5.92 | 4.51 | 3.90 | 3.56 | 3.33 | 3.17 | 3.05 | 2.96 | 2.88 | 2.82 |
| 20 | 5.87 | 4.46 | 3.86 | 3.51 | 3.29 | 3.13 | 3.01 | 2.91 | 2.84 | 2.77 |
| 21 | 5.83 | 4.42 | 3.82 | 3.48 | 3.25 | 3.09 | 2.97 | 2.87 | 2.80 | 2.73 |
| 22 | 5.79 | 4.38 | 3.78 | 3.44 | 3.22 | 3.05 | 2.93 | 2.84 | 2.76 | 2.70 |
| 23 | 5.75 | 4.35 | 3.75 | 3.41 | 3.18 | 3.02 | 2.90 | 2.81 | 2.73 | 2.67 |
| 24 | 5.72 | 4.32 | 3.72 | 3.38 | 3.15 | 2.99 | 2.87 | 2.78 | 2.70 | 2.64 |
| 25 | 5.69 | 4.29 | 3.69 | 3.35 | 3.13 | 2.97 | 2.85 | 2.75 | 2.68 | 2.61 |
| 26 | 5.66 | 4.27 | 3.67 | 3.33 | 3.10 | 2.94 | 2.82 | 2.73 | 2.65 | 2.59 |
| 27 | 5.63 | 4.24 | 3.65 | 3.31 | 3.08 | 2.92 | 2.80 | 2.71 | 2.63 | 2.57 |
| 28 | 5.61 | 4.22 | 3.63 | 3.29 | 3.06 | 2.90 | 2.78 | 2.69 | 2.61 | 2.55 |
| 29 | 5.59 | 4.20 | 3.61 | 3.27 | 3.04 | 2.88 | 2.76 | 2.67 | 2.59 | 2.53 |
| 30 | 5.57 | 4.18 | 3.59 | 3.25 | 3.03 | 2.87 | 2.75 | 2.65 | 2.57 | 2.51 |
| 40 | 5.42 | 4.05 | 3.46 | 3.13 | 2.90 | 2.74 | 2.62 | 2.53 | 2.45 | 2.39 |
| 60 | 5.29 | 3.93 | 3.34 | 3.01 | 2.79 | 2.63 | 2.51 | 2.41 | 2.33 | 2.27 |
| 120 | 5.15 | 3.80 | 3.23 | 2.89 | 2.67 | 2.52 | 2.39 | 2.30 | 2.22 | 2.16 |
| ∞ | 5.02 | 3.69 | 3.12 | 2.79 | 2.57 | 2.41 | 2.29 | 2.19 | 2.11 | 2.05 |

| 12 | 15 | 20 | 24 | 30 | 40 | 60 | 120 | ∞ | $\phi_1$ / $\phi_2$ |
|---|---|---|---|---|---|---|---|---|---|
| 977. | 985. | 993. | 997. | 1001. | 1006. | 1010. | 1014. | 1018. | 1 |
| 39.4 | 39.4 | 39.4 | 39.5 | 39.5 | 39.5 | 39.5 | 39.5 | 39.5 | 2 |
| 14.3 | 14.3 | 14.2 | 14.1 | 14.1 | 14.0 | 14.0 | 13.9 | 13.9 | 3 |
| 8.75 | 8.66 | 8.56 | 8.51 | 8.46 | 8.41 | 8.36 | 8.31 | 8.26 | 4 |
| 6.52 | 6.43 | 6.33 | 6.28 | 6.23 | 6.18 | 6.12 | 6.07 | 6.02 | 5 |
| 5.37 | 5.27 | 5.17 | 5.12 | 5.07 | 5.01 | 4.96 | 4.90 | 4.85 | 6 |
| 4.67 | 4.57 | 4.47 | 4.42 | 4.36 | 4.31 | 4.25 | 4.20 | 4.14 | 7 |
| 4.20 | 4.10 | 4.00 | 3.95 | 3.89 | 3.84 | 3.78 | 3.73 | 3.67 | 8 |
| 3.87 | 3.77 | 3.67 | 3.61 | 3.56 | 3.51 | 3.45 | 3.39 | 3.33 | 9 |
| 3.62 | 3.52 | 3.42 | 3.37 | 3.31 | 3.26 | 3.20 | 3.14 | 3.08 | 10 |
| 3.43 | 3.33 | 3.23 | 3.17 | 3.12 | 3.06 | 3.00 | 2.94 | 2.88 | 11 |
| 3.28 | 3.18 | 3.07 | 3.02 | 2.96 | 2.91 | 2.85 | 2.79 | 2.72 | 12 |
| 3.15 | 3.05 | 2.95 | 2.89 | 2.84 | 2.78 | 2.72 | 2.66 | 2.60 | 13 |
| 3.05 | 2.95 | 2.84 | 2.79 | 2.73 | 2.67 | 2.61 | 2.55 | 2.49 | 14 |
| 2.96 | 2.86 | 2.76 | 2.70 | 2.64 | 2.58 | 2.52 | 2.46 | 2.40 | 15 |
| 2.89 | 2.79 | 2.68 | 2.63 | 2.57 | 2.51 | 2.45 | 2.38 | 2.32 | 16 |
| 2.82 | 2.72 | 2.62 | 2.56 | 2.50 | 2.44 | 2.38 | 2.32 | 2.25 | 17 |
| 2.77 | 2.67 | 2.56 | 2.50 | 2.44 | 2.38 | 2.32 | 2.26 | 2.19 | 18 |
| 2.72 | 2.62 | 2.51 | 2.45 | 2.39 | 2.33 | 2.27 | 2.20 | 2.13 | 19 |
| 2.68 | 2.57 | 2.46 | 2.41 | 2.35 | 2.29 | 2.22 | 2.16 | 2.09 | 20 |
| 2.64 | 2.53 | 2.42 | 2.37 | 2.31 | 2.25 | 2.18 | 2.11 | 2.04 | 21 |
| 2.60 | 2.50 | 2.39 | 2.33 | 2.27 | 2.21 | 2.14 | 2.08 | 2.00 | 22 |
| 2.57 | 2.47 | 2.36 | 2.30 | 2.24 | 2.18 | 2.11 | 2.04 | 1.97 | 23 |
| 2.54 | 2.44 | 2.33 | 2.27 | 2.21 | 2.15 | 2.08 | 2.01 | 1.94 | 24 |
| 2.51 | 2.41 | 2.30 | 2.24 | 2.18 | 2.12 | 2.05 | 1.98 | 1.91 | 25 |
| 2.49 | 2.39 | 2.28 | 2.22 | 2.16 | 2.09 | 2.03 | 1.95 | 1.88 | 26 |
| 2.47 | 2.36 | 2.25 | 2.19 | 2.13 | 2.07 | 2.00 | 1.93 | 1.85 | 27 |
| 2.45 | 2.34 | 2.23 | 2.17 | 2.11 | 2.05 | 1.98 | 1.91 | 1.83 | 28 |
| 2.43 | 2.32 | 2.21 | 2.15 | 2.09 | 2.03 | 1.96 | 1.89 | 1.81 | 29 |
| 2.41 | 2.31 | 2.20 | 2.14 | 2.07 | 2.01 | 1.94 | 1.87 | 1.79 | 30 |
| 2.29 | 2.18 | 2.07 | 2.01 | 1.94 | 1.88 | 1.80 | 1.72 | 1.64 | 40 |
| 2.17 | 2.06 | 1.94 | 1.88 | 1.82 | 1.74 | 1.67 | 1.58 | 1.48 | 60 |
| 2.05 | 1.94 | 1.82 | 1.76 | 1.69 | 1.61 | 1.53 | 1.43 | 1.31 | 120 |
| 1.94 | 1.83 | 1.71 | 1.64 | 1.57 | 1.48 | 1.39 | 1.27 | 1.00 | ∞ |

## 付表 6　相関係数の有意水準

| $\phi$ \ $\alpha$ | 0.05 | 0.01 | $\phi$ \ $\alpha$ | 0.05 | 0.01 | $\phi$ \ $\alpha$ | 0.05 | 0.01 |
|---|---|---|---|---|---|---|---|---|
| 1 | .997 | 1.000 | 16 | .468 | .590 | 35 | .325 | .418 |
| 2 | .950 | .990 | 17 | .456 | .575 | 40 | .304 | .393 |
| 3 | .878 | .959 | 18 | .444 | .561 | 45 | .288 | .372 |
| 4 | .811 | .917 | 19 | .433 | .549 | 50 | .273 | .354 |
| 5 | .754 | .874 | 20 | .423 | .537 | 60 | .250 | .325 |
| | | | | | | 70 | .232 | .302 |
| 6 | .707 | .834 | 21 | .413 | .526 | 80 | .217 | .283 |
| 7 | .666 | .798 | 22 | .404 | .515 | 90 | .205 | .267 |
| 8 | .632 | .765 | 23 | .396 | .505 | 100 | .195 | .254 |
| 9 | .602 | .735 | 24 | .388 | .496 | 125 | .174 | .228 |
| 10 | .576 | .708 | 25 | .381 | .487 | 150 | .159 | .208 |
| 11 | .553 | .684 | 26 | .374 | .478 | 200 | .138 | .181 |
| 12 | .532 | .661 | 27 | .367 | .470 | 300 | .113 | .148 |
| 13 | .514 | .641 | 28 | .361 | .463 | 400 | .098 | .128 |
| 14 | .497 | .623 | 29 | .355 | .456 | 500 | .088 | .115 |
| 15 | .482 | .606 | 30 | .349 | .449 | 1,000 | .062 | .081 |

## 付表 7　順位相関係数の有意水準

| $n$ \ $\alpha$ | 0.05 | 0.01 | $n$ \ $\alpha$ | 0.05 | 0.01 |
|---|---|---|---|---|---|
| 5 | 1.000 | — | 16 | 0.506 | 0.665 |
| 6 | 0.886 | 1.000 | 18 | 0.475 | 0.625 |
| 7 | 0.786 | 0.929 | 20 | 0.450 | 0.591 |
| 8 | 0.738 | 0.881 | 22 | 0.428 | 0.562 |
| 9 | 0.683 | 0.833 | 24 | 0.409 | 0.537 |
| 10 | 0.648 | 0.794 | 26 | 0.392 | 0.515 |
| 12 | 0.591 | 0.777 | 28 | 0.377 | 0.496 |
| 14 | 0.544 | 0.715 | 30 | 0.364 | 0.478 |

# 索　　引

## あ 行



## か 行



## さ 行

## た 行

## な　行



## は　行



## ま　行



## や　行

## ら 行



## わ 行

〔著者略歴〕

大澤　清二（おおさわ　せいじ）

東京大学大学院教育学研究科博士課程修了（教育学博士）
東南アジア医療情報センター専門員，筑波大学専任講師を経て
現在　大妻女子大学教授，同大学人間生活文化研究所所長

生活の統計学

2011年（平成23年）3月10日　初版発行
2023年（令和5年）8月1日　第4刷発行

著　者　大澤清二
発行者　筑紫和男
発行所　株式会社 建帛社 KENPAKUSHA

〒112-0011　東京都文京区千石4丁目2番15号
TEL（03）3944－2611
FAX（03）3946－4377
http://www.kenpakusha.co.jp/

ISBN 978-4-7679-4637-5　C3033　信毎書籍印刷／愛千製本所
Printed in Japan